中国海洋管理哲学研究课题成果

中国海洋公共管理学

王 琪 潘新春 等 编著

海洋出版社

2015 年·北京

图书在版编目（CIP）数据

中国海洋公共管理学 / 王琪等编著. —北京：海洋出版社，
2015. 4

ISBN 978 - 7 - 5027 - 9125 - 4

Ⅰ. ①中…　Ⅱ. ①王…　Ⅲ. ①海洋 - 公共管理 - 研究 -
中国　Ⅳ. ①P7

中国版本图书馆 CIP 数据核字（2015）第 068742 号

责任编辑：唱学静
责任印制：赵麟苏

海洋出版社　　出版发行

http://www.oceanpress.com.cn

北京市海淀区大慧寺路 8 号　邮编：100081
北京华正印刷有限公司印刷　　新华书店北京发行所经销
2015 年 4 月第 1 版　　2015 年 4 月第 1 次印刷
开本：787mm×1092mm　1/16　印张：6.75
字数：100 千字　　定价：25.00 元
发行部：62132549　邮购部：68038093
总编室：62114335　编辑室：62100038
海洋版图书印、装错误可随时退换

本书编写人员

（按姓氏笔画排序）

王印红　王　刚　王　敏　王　琪
向友权　孙立坤　吴　宾　张继承
陈　洁　柯　昶　潘新春

目　次

引　论

0.1　海洋公共管理的提出背景

海洋战略地位的重新确立和海洋资源价值的重新发现，促使新一轮海洋开发热潮的兴起，也把海洋管理提高到一个前所未有的重要位置。维护国家海洋权益、确保国家的海洋战略价值，需要海洋管理；保护海洋环境、保持海洋生态平衡，需要海洋管理；实现海洋经济的可持续发展，同样需要海洋管理。今天，海洋管理变得如此重要，一方面是人类海洋实践活动发展的必然结果，另一方面也是人类在付出沉重代价后不得不做出的选择。

0.1.1　海洋管理理论发展的需要

纵观海洋管理的发展历史，可以发现，伴随海洋管理的价值取向由对海洋的直接使用到占有开发再到保护治理这一进程，海洋管理的认识由感性逐渐上升到理性，海洋管理内容也由行业管理发展到综合管理。目前，海洋管理的职能已涵盖海洋权益维护、海域使用管理、海洋生态环境保护、海上执法监督、海洋科研管理、海洋政策和海洋战略规划制定、海洋公共基础设施建设和公益性服务在内的多项综合性事务。海洋管理为我国海洋事业发展起到了保驾护航的重要作用。

尽管基于现实需要而产生的海洋管理本应高于现实，对海洋管理实践起到引领、指导作用，但从实际看，我国的海洋管理理论发展滞后于海洋管理实践，并在一定程度上已影响到海洋实践活动的发展。

海洋管理理论的滞后主要体现在以下几方面：

（1）海洋管理研究的"理念不足"，导致其难以对现实的海洋管理提供引领和指导作用。海洋管理作为一门实践性很强的学说，理应要解决海洋管理实践中存在的"怎么办"问题。由于目前海洋管理研究缺乏一定的理性认识基础和理论指导，因而，我国在海洋管理制度建设、海洋管理体制改革等方面存在着一定的被动性。

（2）海洋管理的定位和学科归属不明确。究其原因在于海洋管理研究缺少坚实的理论基础，始终没能找到并确立起一种支撑海洋管理构架的理论框架体系。

（3）海洋管理研究缺乏系统性和整体性。海洋管理研究更多地停留在经验层面，缺乏高层次的学理思辨。因学科定位不明确，所以对海洋管理内容的阐释经常是简单套用相关学科的知识，机械地移植或组合，难以达到自成一体的学科发展境界。

现实的需要是海洋管理变革的直接动因，但海洋管理变革不是一个自发的过程，而是一个由人来实施的自觉活动。要使海洋管理对海洋实践活动起到积极的指导作用，必须有先进、科学的思想理念来引导、规范海洋管理活动，而公共管理的兴起恰为海洋管理提供了一种新的理论分析框架。

公共管理学是一种产生于 20 世纪 70—80 年代的有别于传统行政学的新的管理范式，是公共权力机关和非营利组织为了更好地提供公共物品，保障和增进社会公共利益公平分配，促进社会整体发展，正确运用公共权力和各种行之有效的科学方法依法对社会公共事务的管理活动。与传统的行政管理相比，首先，公共管理突出了管理主体的多元化。参与管理的主体已不只是政府组织，还包括各个层面、各种类型的社会组织，甚至私人部门也成为公共管理的重要参与主体。其次是管理客体的扩展，其研究领域包括国家与社会公共事务管理与服务、公共部门自身的管理、各种社会组织和团体的管理等，特别突出的是，全球公共问题和公共事务的治理也内含其中。第三，管理方式和管理手段的多元化。公共管理的核心是引入私营部门管理的模式以改善公共部门的组织管理绩效，一方面在公共部门的管理中积极引进私营部门中较为成功的管理理论、方法、技术和经验；另一方面积极推进民营企业更多地参与公共事务和公共服务管理。总之，公共管理代表了一种新的社会多元管理模式。

公共管理学的兴起，为海洋管理提供了一个新的研究视角和理论支持。因现代海洋管理的目的是保障海洋的可持续开发和利用，实现海洋权益（海洋利益）的公平和公正，达到人海协调。海洋管理的对象包括个体、组织甚至某一区域乃至国家在内的涉海活动。涉海事务的广泛性、公共性和服务的公益性，决定了现代海洋管理应纳入公共管理的框架体系之中。

0.1.2　海洋综合管理实施中的困境

我国的海洋管理经历了由行业管理向综合管理发展的演化过程。在20世纪50—60年代，我国海洋开发和管理体制是根据海洋资源的自然属性，按照各个行业自身的特点采用行业管理为主的模式，这实际上是陆地资源开发部门的管理职能向海洋的一种延伸过程。海洋行业管理模式，对于组织海洋特定资源的勘探和开发利用活动，提高专业化管理水平有着积极意义。但自20世纪70年代以来，随着海洋开发利用进入快速发展时期，利益之争使涉海各行业间矛盾冲突开始暴露，海洋环境和资源问题日益突出，原有的海洋行业管理面临着挑战。这些问题的存在说明海洋行业管理制度在一定程度上已经无法适应海洋事业的发展，必须探求一种新的海洋管理模式。海洋综合管理正是人类海洋管理实践不断探索的结果。

海洋综合管理试图用综合的方法解决海洋环境退化、资源枯竭以及经济协调发展问题，它强调海洋管理横向之间的沟通和协调，要求海洋各个行业之间应该建立统一的协调机制。1992年联合国环境与发展会议通过了《21世纪议程》。该议程基于海洋的不可替代的价值，要求沿海国家承诺"对在其国家管辖的沿海区和海洋环境进行综合管理和可持续发展"。1993年第48届联合国大会做出决议，敦促世界各国把海洋管理列入国家发展战略中去，号召沿海国家改变部门分散管理方式，建立多部门合作、社会各界广泛参与的海洋综合管理制度，并规定这是沿海国对全球海洋资源与环境保护应尽的义务和职责。1996年中国正式批准加入《联合国海洋法公约》，同年又颁布了《中国海洋21世纪议程》，表明中国开始实施海洋综合管理，走上海洋可持续发展的道路。

从当前世界海洋管理发展趋势看，海洋综合管理仍然是各沿海国家的必然选择。那么，制约海洋综合管理发展的瓶颈到底是什么？引领海洋综合管理深入发展的理论支撑在哪里？促进海洋综合管理进一步的现实手段有哪些？政府在推进海洋综合管理中的作用方式及管理边界是什么？……各种问题期待着海洋管理理论研究者和实践者的回答。

0.1.3 海洋管理实践中的多元化倾向凸显

实际上，在传统的海洋管理中已经存在着很多"公共管理"的公共性实践。譬如我国成立于 1996 年的民间保钓组织"中国民间保钓联合会"十几年来一直致力于联合全球华人保钓组织保护我国对钓鱼岛的主权。成立于 2007 年 6 月 1 日的民间公益性海洋保护组织"蓝丝带海洋保护协会"，将"推广海洋保护理念、提升公众海洋意识和普及海洋科学与保护知识"作为最重要的任务之一，几年来在社会上开展了一系列有意义的活动，获得了良好的口碑。又如 2008 年夏季奥运会期间为了保证青岛奥帆赛的顺利举行，青岛市政府动员了广大市民大规模整治附近海域的浒苔，将公民参与作为既有海洋管理体制的一个重要辅助支撑。

在治理工具的向度上，作为公共管理的海洋管理有着积极的同时又不成体系的实践。例如，在海洋环境的治理中，海洋排污权交易、海洋生态税等市场机制措施已经在很多国家（包括我国）得到了一定程度的实施。又如，在海洋公共事务治理中，民营化等一些治理理念和公共服务提供机制也得到了一些积极的探索与实践：近年来，舟山市政府为加强对数量众多的无人海岛的开发，广泛采用 BOT（Build Operation Transfer）项目融资模式。这一模式的核心要义在于为了发展本地公共事业，例如开发无人海岛、建设灯塔等涉海公共基础设施，政府对项目的建设和经营提供一种特许权协议作为项目融资的基础，由私营企业作为项目的投资者和经营者安排融资、承担风险、开发建设项目并在有限的时间内经营项目获取商业利润，经营期结束后，依据既有的协议将该项目转让给相应的政府机构。从新公共管理理论及民营化的内涵来看，诸如此类的公私合作治理涉海公共事务的实践，无论是从政府职能、政府行为、政府决策、政府权力还是治理主体的多元性来看都具有更多的"公共性"，作为公共管理实践的海洋管理符合大的趋势所向。同时应该看到，诸如涉海公共事务治理中的治理工具如志愿服务、凭单、补助等以及更多融资机制，如 TOT（Transfer Operate Transfer）模式、PPP（Public Private Partnership）模式等也需要我们去认真研究相关的适用性问题。

上述现象表明我国海洋管理中存在着一定的"公共管理"色彩的实践，这为我国海洋公共管理事业的发展做出了有益探索，正如《中国海洋21世纪议程》所指出的："合理开发海洋资源，保护海洋生态环境，保证海洋的可持续利用，单靠政府职能部门的力量是不够的，还必须有公众的广泛参与"。这既是对我国海洋管理中长期存在的公共管理实践的一个肯定，同时也是对未来海洋公共管理实践的一个战略规划。但是同时应该指出，无论是在公共性还是在工艺性上，**这些海洋公共管理实践还是不成体系的。公共管理的一个前提假设在于权力、资源、信息在社会的适度分散可以提高整个社会治理公共事务的效率。从我国海洋管理的"公共管理"视角来看，尽管已经存在一些积极的公共管理实践，但是应该看到这些实践是碎片化的**。比如，公民参与是缺乏流程化的机制的，在实践中更多的是处于非正规化的、临时的参与，公民参与的形式或者说途径是单一的，与真正意义上的"公民治理"相去甚远。又如，海洋公共事务治理中的社会组织发育及其作用路径是不健全的，既有的涉海社会组织无论是数量上还是质量上以及参与方式、资源汲取能力、自我生存能力、业务能力等都是不足的。再如，海洋公共事务治理中多个治理的主体是缺乏协调、整合、信任机制的，多个涉海主体之间无论是体制内还是体制外都缺乏一种实质有效的机制整合成一股正向的力量去治理海洋公共事务。同时，海洋公共事务治理的工具、手段和方法论也是相对单调的……这就需要在理论层次上创新研究海洋公共管理的相关基础理论问题和热点、关键问题，因此构建起一个"海洋公共管理"框架体系具有重要的现实意义与理论意义。

0.2　本课题的研究目的

（1）把海洋管理的分析纳入公共管理的视野之中，为我国的海洋管理提供系统的认识论和方法论支撑，以增强海洋管理的系统性和前瞻性。

（2）立足于我国国情，借鉴国外先进经验，探索有中国特色的海洋公共管理创新模式，重塑海洋管理的制度框架体系，为我国的海洋管理实践提供政策建议。

（3）对目前我国正在推进的海洋行政管理体制改革进行深入分析，梳理总结当前需进一步理顺的各种关系，为国家海洋局有效行使管理职能提供理论依据。

（4）明确海洋社会组织在现代海洋公共管理中的职能定位，分析海洋社会组织的成长和发展路径，明确海洋社会组织与政府的合作领域，提出政府与海洋社会组织建设良性互动关系的对策建议。

（5）通过对海洋危机管理内涵与外延的重新挖掘，进一步明确我国政府应对新型海洋公共危机的能力要求，同时构建起我国海洋公共危机管理的政府协调机制。

第 1 章　海洋公共管理的基本问题研究

1.1　海洋管理的价值追求：公共性

当今时代，无论是从国际背景还是从国内发展趋势来看，社会的公共性正在迅速成长，我们的社会俨然成为了一个"公共社会"。"公"字当头已成为政府和社会公共组织管理当中不可或缺的一大原则。党的十八大报告提出了一系列与"公共"有关的概念，如：公平正义、公共事业、公共文化、公共医疗、公共财政、公共服务、公众参与、公共安全等。海洋是公共财产，由政府管理，理应具备社会公共性。早在 2004 年，党的十六大就明确把实施海洋开发作为中国未来 20 年经济社会发展的一项重要战略。海洋管理类属公共管理范畴，研究海洋管理的公共性对构建高效、有序的海洋管理体制有着重要的启示，同时也有利于我国和谐海洋的构建，进而推进我国和谐社会的建设。

1.1.1　海洋管理公共性的理论基础

公共管理学的兴起，为正确理解海洋管理提供了新的思路和理论支持。认识公共性的问题，实现公共性自觉，是根源于把握公共行政学的发展方向和推动人类社会治理文明进步的要求。当传统行政学占据主导的时候，人们往往在其框架体系内构建自己的理论体系。尽管人们发现以往用行政体系来框架某一学科时存在很大的局限性，很多问题得不到有效的解决，但由于没有合适的理论来解释，就只好勉为其难。而公共管理学的产生，恰好为某些具体管理学科的阐释找到了根据。

公共管理学是一种产生于 20 世纪 80 年代的有别于传统政治学的新的管理范式。作为新兴的学科，有学者认为"公共管理学是一门综合地运用各种科学知识和方法来研究公共管理组织和公共管理过程及其规律性的学科。它的目标是促使公共组织尤其是政府组织更有效地提供公共物品，或者说，公共管理是一门研究公共组织如何有效地提供公共物品的学问。"①也有学者给公共管理下的定义是：公共管理是公共权力机关和非营利社会组织为了更好地提供公共物品，保障和增进社会公共利益公平分配，促进社会整体发展，正确运用公共权力和各种行之有效的、科学的方法，依法对社会公共事务的管理活动。②

公共管理的定义虽然在学界存在不同的看法，但作为公共管理学的基本范畴应包含以下内容。

（1）公共管理主体的多元化。与传统的行政管理相比，公共管理的主体是多元的，其核心主体是公共权力机关，即政府行政机关。但社会组织除了国家组织外，还包括非政府组织，即通常所说的"第三部门"。第三部门中的事业单位、社会团体、各种社会中介组织、社区和自愿者组织作为社会生活中最具活力和社会效益的组织形式，在社会公共管理中发挥着越来越大的作用。

（2）公共管理的客体主要是指社会公共事务以及公共管理中的公共权力的分配和运行机制，其维护和追求的是公共利益。

（3）公共管理的目标是更有效地为社会公众提供公共物品，保障和促进社会公共利益的公平分配。

与传统的行政管理相比，公共管理突出强调的是其中的"公共性"，意味着要穿透"被遮盖的存在的阴影"，③让更多的人不仅知道政府在做什么，而且参与到这个看似神秘的管理过程中来，强调的是多元主体治理。

我国传统的海洋管理实行的是以政府为核心主体的管理体制，在各项海洋事务的处理过程中以政府的意志、政府自上而下的命令控制作为管理的主要依据和手段。然而，现实的发展和社会的进步已不再以这种传统管

---

① 陈振明. 公共管理学——一种不同于传统行政学的研究途径. 北京：中国人民大学出版社，2002：45.

② 陈荣富. 公共管理学——前沿问题研究. 哈尔滨：黑龙江人民出版社，2002：76.

③ 阿伦特. 人的条件，竺乾威，译. 上海：上海人民出版社，1999：38.

理方式作为唯一的合法管理方式，而且传统的海洋管理方式在许多现实层面也出现了问题和弊端。从公共管理的概念即可看出，海洋公共管理强调的是管理的"公共性"，要将各方的意愿和意见纳入到这个管理体系中来，为实现公共的目标和利益而作出贡献。

1.1.2 海洋管理公共性的现实基础

综上分析，现代海洋管理已具备了公共管理的性质。在现代海洋公共管理的过程中，必然涉及海洋资源的开发、海洋管理主体的多元参与、海洋环境和海洋政策等内容。而这些内容及其性质构成了海洋管理公共性的现实基础。

（1）从海洋资源开发的角度来看，海洋资源的开发利用具有共享性。共享资源是指一定范围内任何主体都可享用的资源，如自然界的空气和阳光、世界公海等。海洋资源属于典型的公共资源，其产权难以界定。因此，海洋资源具有较强的非竞争性、非排他性和共享性，比如海洋水体可以泊船、航行、捕鱼、养殖、排污等；海洋资源可供多个开发主体共同开发利用。海洋资源的这种非竞争性和排他性必然导致多个开发主体的"拥挤"和"公地悲剧"，由此也产生了负外部性，出现了掠夺性开发、破坏性排污等行为现象。① 海洋资源开发的负外部性不仅影响到了当代人的利益，也掠夺了下代人的资源。这就需要政府、非政府组织、民众等多元主体履行代理职能和实行"代际"管理来开发利用海洋资源，在增进公共利益的同时保护下一代的资源。

（2）从海洋管理主体多元参与的角度来看，政府理应充当主体间"仲裁人"的角色。海洋是公共财产，由政府管理。海洋资源因其具有共享性，必然使得多元主体参与到海洋的开发利用和保护中来。由于受私利性的影响，许多主体在开发利用的过程中选择"搭便车"，置公共利益于不顾。而政府作为公共权力机构，具有公共利益代表的身份。当多个经济主体发生矛盾冲突时，当事人自身无法化解冲突，这就需要政府充当"仲裁人"的角色，以其手中的公权力出面协调、解决，设定划分经济主体利益规则，以确保各主体平等竞争。

---

① 陈万灵，郭守前. 海洋资源特性及其管理方式. 湛江海洋大学学报，2002（4）：9.

（3）从海洋政策和海洋环境的角度来看，海洋政策和海洋环境属于公共物品，海洋政策的制定和海洋环境的保护具有公共性。当今社会，公共服务的供给能力是反映一国政府公共性的重要标志。正是政府的公共性决定了政府维护的是公共利益，为社会提供公共物品。在构建服务型政府的今天，如何优化公共服务供给成为我国政府的当务之急。我国正在大力推行海洋开发的战略，为实施这一发展战略必须政府出面制定相应的海洋公共政策，对海洋经济和海洋事业加以调整规划，以促进海洋的可持续发展。一项科学的公共政策的制定需要政府、社会和公众的合力。同时，海洋环境属公共产品，其保护投资巨大且回收期长，以营利为目的的一般市场组织不愿去经营，这就交由政府等公共组织来承担海洋环境保护等公共服务的生产，为社会提供良好的海洋生态环境。

1.1.3　强调海洋管理公共性的意义所在

"公共性"意味着穿透"被遮盖的存在的影响"。公共性的建设和完善是当代中国和世界发展中一个具有核心意义的问题，提高对海洋管理公共性的认识，才能把握现代海洋管理的特点，才能提高公众和政府对海洋经济及其可持续发展的支持。具体来说，明确海洋管理的公共性其意义有以下几方面。

1）扩大海洋管理的主体范围，与国际海洋管理实践接轨

一个社会必须有某种公共性的实践主体、关系、属性和机制。社会中众多的主体需要有公共活动的空间，有一定的公共机构和组织掌握并行使公共权力，维护公共秩序，满足公共需求。长期以来，受计划经济和全能型政府的影响，我国的海洋管理一直由政府直接控制。而这个政府又可以细分为各个具体的职能机构。如国家海洋局作为主管全国海洋事务的职能部门，其职能的核心是管理海域使用，协调资源开发，保护海洋环境，以发展我国海洋经济为中心，围绕"权益、资源、环境和减灾"四个方面展开工作，以达到海洋经济、社会和环境效益相统一的目的。与之相应，部门化的管理模式又使海洋各相关部门各自为政，如水产主管部门负责海洋渔业的管理，交通部门负责海上交通安全管理，石油部门负责海上油气的开发管理，轻工业部门负责海盐业的管理，旅游部门负责滨海旅游的管理等。涉海的部门虽多，但都属于国家行政机关，是政府管理。这种状况

反映了海洋管理中全能政府的弊端，难以实现海洋生态环境的保护和海洋经济的可持续发展。海洋公共管理则强调政府是有限的政府，**有限政府**往往善于利用、整合各方力量，达到满足公共利益的共同需要。

社会建设的中心就是公共性建设。中国社会融入世界的过程也是同国际社会公共性接轨的过程。① 从世界发展状况来看，**第三部门**已经成长为一支重要的经济和社会力量，进入了教育、卫生保健、社会服务、环保、文化等社会公共部门的核心领域，动员社会各方面参与社会发展，填补政府用于社会发展方面的资金不足，帮助政府解决一些容易忽视的边缘问题等。与之相应，在对海洋环境、海洋资源保护和海洋权益维护等方面，第三部门也正在发挥着越来越大的作用，如绿色和平组织为阻止往海洋倾倒污染物所做的努力。正因为如此，联合国《21 世纪议程》中一再强调要调动各方面的力量，并指出：每个沿海国家都应该考虑建立或在必要的时候加强适当的协调机制，在地方一级和国家一级上从事沿海和海洋区及其资源的综合管理以及可持续开发。这种机制应在适当的情况下有学术部门、民间组织等力量参加。

2）转变政府职能，变革海洋管理模式

长期以来在海洋管理中，政府作为领导者，一直以"命令—控制"的行政领导方式对各种涉海活动进行直接管理，这种模式长远来看并不利于形成"权责一致，分工合理，决策科学，执行顺畅，监督有力"的高效行政管理体制。因此，政府对海洋开发利用的活动应以引导者、调节者的身份出现，主要采用行政指导的管理方式，引导企业和公众从事海洋环境保护工作。海洋作为公共产品和公共服务，成本高而且风险大，投资巨大而收益可能甚小，需要政府参与的海洋开发管理活动，促进海洋环境的基础设施的建设和基础产业的研究开发。政府可凭借其拥有的行政权威和广泛的信息网络，传达和贯彻政府指导海洋开发利用的某种意图，帮助减少不同的市场行为主体决策的盲目性，减少资源的浪费和损失，从而提高市场效率，确保海洋经济向有利于环保的方向发展。

---

① 郭湛. 从主体性到公共性——当代中国马克思主义哲学的走向. 北京：中国社会科学出版社，2008：4.

当前海洋管理的控制和管理系统较为分散，妨碍了生态可持续性目标的达成。管理责任分散在政府许多不同的部门和各级政府。应建立统一的协调管理机制，加大机构整合力度，探索实行职能有机统一的大部门体制。精简和规范各类议事协调机构及其办事机构，减少行政层次，降低行政成本，着力解决机构重叠，职责交叉，政出多门问题；加强对海洋的综合管理，把海洋规划好，管理好，监督好，开发利用好。

3）有利于建构科学的海洋管理理论体系

"公共性"这个概念所标示的是最为基本的行政理念，是整个行政体系和行政行为模式建构的出发点和原则。目前，我国海洋管理体系理念中最重要的问题就是海洋的管理和控制问题，主要的困难在于现行管理系统的分散性，因为此管理系统涉及许多不同的部门，涉及各级政府，导致职责的不一致性。尽管国内外很多学者从不同角度、不同方向对海洋管理进行深入研究，但是，海洋自身的复杂性和海洋实践中存在的诸多问题使得系统的海洋管理理论体系尚未建立。正是由于体系的不确定性，使得人们在谈论起海洋管理时，往往从各自的理解出发，从解释现实出发，理论成了紧跟现实之后的解释学。

研究海洋管理的公共性，有助于构建科学的海洋管理理论体系。将公共管理理论运用到海洋管理中，比较适合海洋特色，可以更好地解释海洋实践中的诸多现象。如政府对海洋的开发为何不能如愿以偿，海洋开发中为何会出现所谓的"公地悲剧"、海洋管理中的公众如何参与等问题。可以说，公共管理理论为海洋管理提供了明晰的理论基础。

另一方面，弄清海洋管理的公共性，可以明确海洋管理的内涵与外延，避免现实生活中经常容易混淆的概念，如海洋管理与海洋行政管理、海洋管理与海洋综合管理等。因为定位不清，现实中海洋管理经常被等同于海洋行政管理或是海洋综合管理。海洋管理内涵和外延的不明确性，必然会影响到海洋管理理论体系的确立。

因此，正确理解加深对海洋管理公共性的认识，能够更加科学地规范海洋管理的边界，明确其内涵与外延，从而为海洋管理理论体系的构建打下坚实的基础。因明确的概念是构建科学的理论体系的基础，概念内涵的确定过程和外延的展开过程，实际上就是理论体系的建构过程。

1.2　海洋公共管理的含义及特征

1.2.1　海洋公共管理的含义

海洋公共管理是以政府为核心主体的涉海公共组织为保持海洋生态平衡、维护海洋权益、解决海洋开发利用中的各种矛盾冲突所依法对海洋事务进行的计划、组织、协调和控制活动。

（1）从海洋管理主体来讲，海洋管理的核心主体无疑是作为公共权力机关的政府，这里所讲的政府是从广义来理解的，包括海洋立法机关、海洋行政机关和海洋执法机关。在当今世界范围内放松管制呼声高涨的情形下，之所以在海洋事务当中要求政府干预，主要是由于海洋问题的特殊性和政府本应承担的职能使然。政府作为公共权力机构所具有的优势使其在海洋管理中发挥着不可替代的作用，但这并不意味着政府是唯一的海洋管理主体。与单纯的海洋行政管理不同，海洋管理的主体是多元的。现代海洋管理活动的一个趋势是主体的多元化，更多的非政府组织、公众参与到海洋管理中来，并且发挥着越来越大的作用，政府的作用将越来越受到限制。

（2）从海洋管理客体看，海洋管理尽管最终指向物是海洋，但直接指向物是涉海活动的参与者，而且是这些参与者的行为产生了公共问题。海洋管理作用于涉海活动的参与者，并不是直接干预涉海人员所从事的海洋生产流通等经济活动，因为这些活动属于私人领域部门，所提供的是私人物品，主要依靠市场机制的调节作用。如果涉海人员的活动如捕鱼等行为仅仅属个体行为，对他人和社会没有产生影响，即没有产生负外部性，那么政府也没必要进行干预。只有当涉海活动参与者的行为已经超出了私人活动领域，产生了影响他人、社会的公共问题，造成了负的外部效应，如海洋环境污染、海洋资源破坏、海洋权益受损等，这时，才需要通过公共组织进行干预，通过管理使涉海活动参与者的行为能够做到爱海、护海，达到向社会提供优良的海洋生态环境的目的。

（3）从海洋管理目标看，海洋管理的目的是维护海洋权益，为社会提供良好的海洋环境质量，实现海洋资源的可持续利用和海洋生态系统的平衡。可见,海洋管理所研究的是海洋公共事务,所追求的是"公共利益",所要解决的是公共问题,所要提供的是公共物品。如海洋环境问题,它所影响的不仅仅是单个的个人或团体,而是对多数人甚至对所有人或团体产生普遍的影响,这种影响常常会超越地域或国界的限制,影响一个地区甚至影响全人类的生活。对于像海洋环境等公共问题,由于当其治理取得成效时,所有的人不花钱也都能从中得到好处,即免费搭车,为此私人组织一般来说不愿意投资治理,只能由以政府为核心的公共组织承担起这一重任,而这也正是公共管理的任务。所以说,海洋管理是一种公共管理。

1.2.2 海洋公共管理的特征

海洋公共管理最主要的特点就是其具备明显的"公共性",这也是它区别于传统海洋行政管理最明显的特征。现就从海洋公共管理主体、客体和目标三个方面对其公共性来进行逐一分析。

1)管理主体的多元性

传统的海洋行政管理体制中,海洋管理的主体是作为公共权力代表的政府,狭义上主要指各级沿海政府和海洋行政主管机构。海洋公共管理的公共性则要求实现管理主体的多元化,不仅是政府部门作为海洋管理主体进行各种管理活动,更多地要求其他非政府组织、沿海公众等主体参与到海洋管理的过程中来,参与各项海洋政策的制定,参与各项海洋管理事务的协商和处理。海洋公共管理就是要求实现主体的多元化,越来越多地发挥多元主体在管理中的作用。

海洋管理主体的多元化,在海洋实践活动中具体体现为以下两种表现形式。

(1)海洋公共产品、海洋公共服务供给的市场化。伴随着公共管理主体多元化的出现,公共服务市场化也悄然兴起,公共服务市场化已成为公共管理研究领域一个重要组成部分。对于海洋管理,尤其是海洋公共资源的管理,引进市场化管理是不断推进市场经济体制改革的客观要求,市场和政府是资源配置的两种基本途径,我国社会经济发展的实践证明了市场配置资源的基础性地位,我国市场经济体制改革也全面覆盖到私有资源,公共资源如交通、矿产等,也进行了市场化改革。海洋资源作为公共资源的重要组成部分，其市场化管理无疑对于我国市场经济体制改革的全面推进具有客观必要性，同时，海洋资源的市场化管理也是完善我国海洋管理体制的内在要求。通过海洋资源市场化管理，可以厘清体制内部中央和地方各级主管部门的职责及利益关系，进而全面推动海洋管理体制的改革。

在新制度经济学产权理论和新公共管理理论的基础上，加快推进海洋市场化管理应从以下几方面着手进行：①政府放权，依赖市场机制对海洋资源定价，在市场交易中完善"产权"界定，实行资产化管理。① 借用经济学中资产管理理论对海洋资源的开发与利用活动进行管理。坚持公平、公开、公正的原则对海洋资源的使用权进行招标、拍卖，减少行政权力对海洋资源的垄断，排除人为因素对市场的干预，以保证国有资产的保值和增值。②建立健全海洋资源及海洋管理的价值评估体系。为健全海洋资源市场化管理的价值评估体系，应出台一系列法律、法规，用于海洋资源价值评估的各个方面，同时，需加大行业管理，以保证海洋资源价值评估结果的公正性、客观性和权威性。③强化和落实开发主体的责任监督意识。在开发和利用的过程中，对于造成海洋负外部性（如海洋环境污染、过度捕捞等）的开发主体应依法追究其法律责任，将"谁开发、谁保护"的原则真正落到实处，同时，不同主体之间要形成一种监督，真正做到"使用"和"监督"同时并举，从而保证海洋资源开发与利用的有序发展。

（2）海洋公共产品、海洋公共服务供给的社会化。现代海洋管理除海洋管理行政化、市场化以外，还需要海洋管理的社会化。实践充分证明，非政府组织、行业协会、社区自治组织以及志愿者组织通过民主协商等方式，实现海洋开发主体的相互约束和监督，能够更有效地对海洋资源开发和利用的活动进行管理。

现代海洋管理的社会化，与公共管理所强调的多元治理一脉相承，旨在促进多元主体参与到海洋管理活动中来。现代海洋管理社会化，具体而言，表现在以下两方面：一方面，海洋管理应实现公众参与式治理。目

---

① 李稻葵．转型经济中的模糊产权理论．经济研究，1995（4）：44.

前，在公共问题解决方面，公共政策的制定是最常用的手段。公共政策议程又包括了公众议程、政府议程、混合议程三个方面。传统政府惯用政府议程，置公众的呼声于不顾。在现代文明社会，公众的力量在社会事务治理中发挥着越来越重要的作用。以公众议程推动政府议程，进而实现公众—政府的混合议程是大势所趋。《中国海洋21世纪议程》指出，妇女、青少年、老人、工会、党团组织、科技界、教育界、决策管理者等都是参与可持续发展的主力军。让公众广泛地参与海洋管理，能形成普遍遵守规则的承诺，建立有效的相互监督机制，可以减少违法、司法等社会成本。另一方面，政府应切实做到从集权管理向分权管理的转变。与传统的行政管理相比，新公共管理一个明显特征就是主张放权于民，实行分权治理。政府在实施海洋管理当中，虽然发挥着不可替代的作用，但因其程序、措施的行政化、复杂化也有其局限性。在涉及海洋开发过程中遇到的具体问题，非政府组织等主体因其掌握海洋资源开发的详细信息和核心技术，因此无须依赖政府烦琐的程序进行解决。政府分权治理，就是要充分授权于各治理主体，保证其治理的积极性和自主性，除了非政府组织行为影响公共利益外，政府不得妄加干涉。

2）管理客体的社会公共化

公共管理的主要客体指社会公共事务及公共权力的运行和分配机制，其维护的是公共利益。海洋管理的最终指向物即海洋管理的客体虽然是海洋，但其直接指向物却是涉海活动的参与者以及由这些参与者的行为所产生的公共问题。海洋管理虽作用于涉海活动的参与者，并不是直接干预涉海人员所从事的海洋生产、流通等私人领域的经济活动，而是活动参与者的行为已经超出了私人活动领域，产生了影响他人、社会的公共问题，这些公共问题造成了负的外部效应，如海洋环境污染、海洋资源破坏、海洋权益受损等。公共组织进而通过管理使涉海活动参与者行为能够爱海、护海，达到向社会提供优良的海洋生态环境的目的。因此，从管理的客体来看，海洋管理的是涉海公共事务，并且最终维护和追求的是公共利益。

3）管理目标的公共价值取向

公共管理的目标是更有效地提供公共产品和公共服务，保障和促进社会公共利益的公平分配。海洋公共管理就是要维护海洋权益，为社会发展提供良好的海洋生态环境，促进海洋的可持续发展。由于在治理海洋环境问题等方面所需成本比较高，且容易产生搭便车等各种不良现象，传统海洋管理的管理目标在一定程度上偏离了公共价值的取向。海洋公共管理作为强调维护海洋公共环境的管理方式，就要将管理目标重新移回到重视海洋环境的重点上来，注重管理目标的公共价值取向，注重海洋环境的保护和海洋经济的可持续发展。

1.3　海洋公共管理中政府角色定位

由于海洋公共管理具有明确的"公共性"的特征，所以伴随着海洋公共管理的提出，无论是从公共管理主体、客体还是管理目标来看，都对政府提出了新的角色定位要求——即为"公共性"特征。在这里主要将公共管理中的政府概括为规则制定者、利益协调者和环境保护者三种角色定位。

1.3.1　规则制定者——制定和完善具有公共性的海洋政策

海洋管理的本质就是"在国家公共政策和有关法律、法规的指导下，政府对海洋开发利用等活动进行计划、组织、协调和控制。"① 所谓"规则制定者"就是在海洋管理中的政府部门，尤其是中央海洋行政主管部门，根据海洋管理的实施现状及其变化发展情况，制定和完善促进海洋经济发展和海洋资源节约、环境保护的相关政策。② 在海洋公共管理中，由于管理特征的公共属性，这就要求海洋行政主管部门在制定海洋政策时必须要突出"公共性"，既要有主体的公共性，又要有客体和目标的公共性。从主体的公共性来看，要求政府在制定各项海洋公共政策的时候要通过加强各项制度建设，将更多的公民及非政府组织的意见和建议考虑到其中去，避免单纯的"拍脑袋"决策方式，通过群策群力制定出真正代表广大社会群体的海洋公共政策。从客体的公共性来看，海洋政策的制定要有针对性，针对"公地的悲剧"所产生的各项海洋公共问题，而不仅仅

---

① 崔旺来，李百齐. 海洋经济时代政府管理角色定位. 中国行政管理，2009（12）：54.
② 李惠. 我国区域海洋管理中政府角色定位研究. 青岛：中国海洋大学，2011：36.

是针对某项私人性的问题来制定。从目标的公共性来讲，海洋法规政策的制定要侧重于保护海洋公共环境和海洋生态平衡的维护，对海洋资源的无序开发利用行为应坚决从法规政策上予以打击。

1.3.2 利益协调者——协调政府自身以及同非营利组织、公民之间的关系

在海洋公共管理中，单就政府这一主体而言，就涉及中央海洋行政主管部门、地方海洋行政管理部门以及涉海行业管理部门，主体间的协调整合一直是困扰我国传统海洋管理的一大矛盾和难题。各主体间往往围绕部门和地方经济利益发生冲突和矛盾，缺乏必要的协调与合作。从公共管理的角度出发，由于政府自身具有公共性，要求各级涉海政府自身必须要加强协调与合作能力建设，为了海洋公共环境保护和海洋公共利益维护这一目标对海洋进行管理，不能盲目地只追求部门或是地方自身的经济利益和权益。只有通过不断加强对自身协调整合能力的培养和提高，促进政府内部各部门之间的沟通与合作，才能充分发挥政府这一大主体在海洋公共管理中的地位和作用，为其他主体如非政府组织和公民群体作出表率。

从政府与公民、非政府组织等的关系来看，由于海洋公共管理主体已不再是以政府为单一主体，各主体在管理过程中都存在不同的利益。由此以来，当存在相互竞争关系的主体一旦发生利益冲突时，当事人自己无法界定其利益分界。因为他们自身不具备化解冲突的能力，需要政府来充当协调者的角色，以设定划分经济主体利益的规则，确定经济主体之间冲突的经济利益，从而实现各经济主体在公平条件下竞争，保证各主体都能充分表达自己的意志和利益。由此对各级政府提出了更高的要求，要求政府在处理好自身协调的同时，做好其他社会组织之间协调者的工作。

1.3.3 环境保护者——在发展海洋经济时重视环境保护

对海洋资源的开发利用与海洋生态环境的保护是实施海洋公共管理的基本要求，由于我国当前海洋资源开发强度不断加大，海洋的生态环境已经十分脆弱，而且海洋的流动性特征也从更大程度上加剧了这种现象。由于公众个体在海洋活动中主要从事的是私人活动，从个人意识上对海洋环境的保护就弱于对自身利益的获取，所以政府在海洋公共管理中要贯彻

"公共性"的要求，担负起环境保护者的责任。由此可见，实现海洋的可持续发展既是政府实施海洋公共管理的重要职能，也是整个国家和社会对政府海洋公共管理的基本要求。各海洋行业管理部门在开发利用海洋资源的同时，要更加重视对海洋环境的保护，不能只着重于眼前自身行业的利益和效应，从海洋发展的长远目标和利益出发，把政府自身的"公共性"摆在海洋开发的重要位置，在发展海洋经济、开发利用海洋资源时要更加重视对海洋环境的保护，将维护海洋公共环境资源放在部门目标的重要位置，做好"环境保护者"的角色。

1.4　海洋公共管理的框架体系

1.4.1　海洋公共管理学构建的原则

1）理论密切结合实际原则

海洋公共管理体系构建的意义在于通过它可以对海洋公共管理有一个总体性的认识。这一总体性的认识既包括感性认识，即对海洋公共管理主体、海洋公共管理组织、海洋公共管理手段、海洋公共管理对象等直观的把握；也包括深层次的理性认识，即上述范畴存在的理论基础。实际解决的是实然问题，而理论解决的是应然的问题。在海洋公共管理体系构建的过程中要体现理论联系实际原则，表现在两个方面，首先海洋公共管理从学科角度构建体系结构本身就属于理论研究的范畴，理论研究应坚持的首要原则就是理论联系实际原则。如果一套理论不能联系实际并有效地运用于实际，那理论研究就失去了存在的价值，或者说，研究出来的理论如何被证明是正确的？仅凭严密的逻辑分析，翔实的规范分析是远远不够的。很多理论分析从逻辑上都是正确的，但最终却被实践证伪。将海洋公共管理定位于一门学科的出发点是通过构建一整套的海洋公共管理理论来更好地指导我们的海洋公共管理实践，单纯就学科论学科是没有任何实际意义的，即用理论指导实践是我们从事理论研究的出发点和归宿。在具体的体系构建上，应遵循理论密切结合实际这一原则。也就是说体系在构建过程和具体的构建环节上都必须以现实的海洋公共管理实践为基础，不能片面追求理论上的标新立异，这只能导致闭门造车的结果。与此同时，还要注重理论的实际应用，理论实际应用的基础在于理论必须是正确的，具有指导性。这要求我们在体系构建过程中要注意联系实际的海洋公共管理状况，善于发现现有管理存在的问题，并在此基础上探寻改进的对策，为海洋公共管理实践提供借鉴。

2）突出海洋特色原则

海洋公共管理本身就是公共管理的一个组成部分，但这并不意味着海洋公共管理学科体系构建过程中必须严格遵循和套用公共管理学体系构建的原则和框架。由于海洋领域的特殊性，要求我们在海洋公共管理体系构建过程中要突出海洋特色：①海洋公共管理的出发点是维护国家海洋权益，推动国家海洋事业的发展，海洋公共管理体系构建在于寻求对海洋公共管理的一般理论认识，具体涉及人类对海洋的科学认识、海洋实践活动的客观规律等。因此，针对这一目标，在构建海洋公共管理体系的过程中，要研究公共管理系统中海洋公共管理的海洋特色性，把握通过构建海洋公共管理理论体系指导和推动我国海洋事业发展这一理论目标。②海洋公共管理学突出海洋特色性还表现在海洋公共管理涉及的具体研究领域的特殊性。如：针对海洋环境的管理，解决的是经济开发所导致的海洋环境污染问题；针对海域使用的管理，目的在于合理规划、开发利用海域资源、促进海洋的可持续发展等。

3）系统性原则

构建海洋公共管理体系要遵循系统性原则是指海洋公共管理理论体系的各个组成部分要相互联系、符合逻辑性，构成一个不可分割的有机体。系统性的原则要求是要有逻辑性，即海洋公共管理体系应有内在的一致性，按照一定的逻辑结构形成一个有序的体系。应该按照这一个逻辑结构来分析，即：海洋公共管理既然是一种涉及具体区域——海洋的管理，那么其定义是什么？管理的主体是谁？管理什么？在什么样的环境下进行管理？管理中应遵循的基本理念是什么？这就涉及海洋公共管理的定义、主客体、管理环境以及所遵循的基本理论问题。以上问题可以概括为海洋公共管理基本理论，这是我们进行研究的起点。以上问题解决之后，接下来探讨海洋公共管理组织，这一部分解决的是海洋公共管理的实施主体及组成体制问题。海洋公共管理组织解决的是管理的主体及机制问题，海洋公共管理行为及工具则旨在解决如何管理以及采用什么工具来管理的问题。

4）生态性原则

海洋公共管理学的生态性原则体现在两个方面：一方面，海洋公共管理的主体和客体不仅各自均构成具有特定功能的生态系统，而且主客体的交互作用也形成特定的生态系统。这些生态系统中的各要素既相互独立又交互作用，可以起到"一加一大于二"的功效，也可以产生"一加一小于二"的效果。同时，海洋自身是一个流动的、不稳定的、边界模糊的生态体系，单纯依靠某一特定职能部门、特定执法力量、特定管理手段等难以管理好这个生态系统。正是在这样的背景下，"基于生态系统的区域海洋管理"的概念才被学界日益重视。另一方面，把握海洋公共管理学的生态性还应该立足于中国特定的政治生态环境进行建构。中国的传统文化、政治体制、市场发育程度、公民社会发育程度、政府能力和职能、行政管理体制等因素与西方有着较大的差异性，因此需要立足于我国行政管理的客观生态环境，与我国行政管理体制改革衔接起来，探索符合我国发展阶段和发展特色的"海洋公共管理学"。

1.4.2　关于海洋公共管理学框架的设想

海洋公共管理学的框架建构应该兼顾公共管理学基本理论和海洋公共事务治理两个要素，但更多地应该探索"海洋公共事务治理"的特性。笔者认为，所谓海洋公共管理指的是以政府为核心主体的涉海公共组织为保持海洋生态平衡、维护海洋权益、解决海洋开发利用中的各种矛盾冲突所依法对海洋公共事务进行的计划、组织、协调和控制活动。一个完整的、有机的海洋公共管理学框架体系应至少包括如下几个方面。

（1）海洋公共管理学的理论基础。其理论基础既应该囊括公共管理一般理论，如治理理论、系统整合理论、权变管理理论等；也应该囊括海洋科学中关于海洋生态、环境保护的理论，如可持续发展理论等。

（2）海洋公共管理的主体及其整合。在这里主要涉及海洋公共管理中政府、非营利组织、企业、公民等多元主体在海洋公共事务治理中各自的职能、作用范围、作用路径、运行机制等的明晰化和整合。

（3）海洋公共管理的客体。准确界定海洋公共管理的客体即海洋公共事务的范围是构建海洋公共管理学十分关键的问题。本书倾向于将海洋公共事务界定为包括海洋生态环境保护、海洋资源开发与利用、海洋权益维护等在内的所有事关公共利益、产生公共问题的涉海公共事务。

（4）海洋公共管理的职能管理体系。包括了海洋公共管理的绩效管理、危机管理、财务预算管理、信息资源管理、战略管理、海洋公共组织、人力资源管理以及海洋公共管理中的法治、海洋公共政策体系等，这些内容基本上包含了公共管理学下"服务行政"所要求的基本公共服务职能。

（5）海洋公共管理哲学和伦理。在公共管理学领域，公共管理哲学和伦理是一个在学界受到高度关注的问题，例如中国行政管理学会已经连续召开了七届全国行政哲学研讨会，学界各类核心期刊上都有关于行政哲学和行政伦理学的专版。"行政伦理研究是出于矫正公共行政学形式化、效率导向、控制导向等片面性的需要而提出的。由于人类正处于一个从工业文明向后工业文明转变的过程中，行政伦理学也契合了 20 世纪后期以来整个社会科学发展的基本趋势。"① 从本质上讲，无论是海洋公共管理哲学还是海洋公共管理伦理都是研究海洋公共管理价值的，旨在向海洋公共管理实践提供科学的、规范化的、合乎逻辑和大趋势的、符合我国国情的宏观价值导向。

20 世纪后半期以来，整个社会科学处于一个大变革、大分化、大整合的时期，学科与学科的综合与交叉成为一大特点，也因此产生了一些新兴的学科，公共管理学本身的产生就是这一趋势的结果。用公共管理的道理和思维去研究海洋管理中的事情具有时代所赋予的合理性。既有的"海洋公共管理"在理论层次上面临着对实践指导不足、体系不完整等问题，尽管在实践过程中进行了一些有益的探索和实践，但显然无法支撑起 21 世纪我国海洋管理实践的需要。我国从"海洋大国"向"海洋强国"的转变需要整合各种社会力量去治理海洋公共事务，更需要学界共同努力、高度重视，构建起一个系统的"海洋公共管理学"并就重大的海洋管理问题提出针对性的策略。

---

① 张康之．行政伦理的观念与视野．北京：中国人民大学出版社，2008：24．

第 2 章　海洋行政管理的制度创新及其机制优化

2.1　海洋行政管理的界定及其拓展认识

2.1.1　海洋行政管理的特征

海洋行政管理实践由来已久，但作为一个独立的概念提出时间并不长。由于各国、各地的海洋行政管理实践活动有着极大的差异性，在海洋行政管理的主体、客体等一系列问题上有着不同的理解，加之海洋行政管理理论尚处在不断地发展和完善之中，因而对海洋行政管理的概念至今尚未形成统一的认识。然而，作为人类的一种管理实践活动，海洋行政管理与其他类型的管理一样，同样首先要回答三个方面基本问题：谁来管？管什么？怎样管？只不过在具体回答这三方面问题时，不同的管理理论有了不同的解释。

依据对上述三方面问题的回答，本书把海洋行政管理的概念界定为：海洋行政管理是指政府涉海行政组织及其管理人员，依据国家法律法规、运用国家法定权力和各种有效手段，对国家涉海公共事务和涉海机关内部事务进行计划、组织、协调和控制的活动过程。目的在于通过对海洋实践活动的规范和管理，减少海洋实践活动的负外部性，有效地提供海洋公共产品，维护国家的海洋权益，保护海洋资源与环境，促进海洋经济、社会的可持续发展。

海洋行政管理既有一般行政管理的特征，同时又有不同于其他领域行政管理的特性，具体表现在以下方面。

1）海洋行政管理是国家行政管理的重要组成部分

行政管理是由国家权力机关的执行机关行使国家权力，依法管理国家事务、社会公共事务和行政机关内部事务的活动，是由政府承担的国家行政事务和社会公共事务的管理，海洋行政管理则主要是由政府机关中的海洋管理部门承担的海洋公共事务的管理，二者是一般与个别的关系，有什么样的国家管理体制和模式就有什么样的海洋行政管理体制和模式，有什么样的国家发展战略就有什么样的海洋发展战略。同时，海洋行政管理所承担的对海洋公共事务的管理涉及国家政治、经济、文化、社会各个领域，与国家的其他管理工作紧密联系、相互影响和制约，是国家管理系统的重要组成部分。

2）海洋行政管理与对海洋主权和权益的管理紧密相关

海洋行政管理是国家海洋权利实现的基本形式之一。海洋国土、海洋主权等是现代民族国家的重要观念，国家对海洋的管辖权、管制权以及对国际海洋事务的参与权是海洋政府权益的集体体现，维护国家的海洋主权，除了国家的海军和边防军事力量外，国家各级政府部门，承担着重要的职责。这些部门的职能活动的加强，有助于完善我国的海洋立法体系，提高海上执法力量。

3）海洋行政管理具有公共管理的特性

任何行政管理都是一种公共管理，海洋行政管理也不例外，这表现在两个方面。一方面，海洋行政管理机关是国家权力的具体承担者，代表人民的公共利益行使对海洋活动的管理权利。另一方面，由海洋环境的自然属性所决定。人类海洋活动的舞台是海洋，渔业资源是移动的，海底矿物资源都为流动的海水所覆盖，因而海洋不能分解为若干个人的专有财产，绝大多数国家都是把海洋作为一种公共资源来看待并由国家来管理的。人们的海洋活动大都利用的是具有公共属性的海洋资源，绝大多数海洋活动都产生影响公共利益的外部性，尤其是海洋环境的破坏更是具有公共影响的问题。海洋行政管理实质上是就这些外部性很强、影响公共利益的海洋活动进行管理，是一种对公共事务的管理。

4）海洋行政管理具有鲜明的国际化特征

海洋的自然特征、海洋开发利用的特殊性、海洋权益维护所涉及的国家利益之争，使得海洋行政管理的范围已超出了国内管理，走向了国际海洋管理。海洋行政管理相对传统行政管理，一国政府在海洋行政管理领域的行政行为不仅对本国公民产生影响，而且对于周边国家乃至更广的范围产生影响，"世界海洋是一个整体，研究、开发和保护海洋需要世界各国的共同努力"①。在当前和平与发展的世界主题下，国与国之间的合作，是实现海洋合理开发的有效途径。但是，作为国际领域成功合作的前提和基础，首先是正确认识并妥善地处理国与国之间、国家与所在的区域之间以及国家与整个国际社会之间的关系。现在所出现的海洋问题已远远地超出了国家主权内的海洋范围，海洋开发利用中的矛盾冲突已不仅仅是一国之内的不同行业、不同区域、不同个体的竞争，而是发展到不同国家之间的权益之争、利益之争。1982 年通过的《联合国海洋法公约》作为处理国际海洋冲突的法律依据，为各沿海国家维护海洋权益提供了法律支持，但《联合国海洋法公约》对领海、毗连区、专属经济区、大陆架的相关规定，在使沿海国的国土构成发生巨大的变化、国家管辖范围扩大的同时，也使国与国之间矛盾冲突加剧。目前，全世界共有 380 多处海域出现划界纠纷，有争议的岛屿达 1000 多个。以海域划界和海洋资源开发为核心内容的国际海洋权益斗争更加复杂和激烈。海洋权益管理已上升为国家总体战略的重要组成部分。协调国与国之间的矛盾冲突，成为海洋行政管理中的一个重要内容。在行使海洋行政管理时，必然要根据海洋领域问题的特殊性，把开发海洋资源、维护海洋权益列入国家的重要发展战略。同时，采取积极措施，主动参与并影响国际海洋制度设置议程，以达到公平利用海洋资源，特别是公海资源，共同治理海洋环境，维护整个人类的公共利益的目的。

5）海洋行政管理是一种综合管理

海洋开发进入 20 世纪 70 年代以来，进入快速发展时期，各种矛盾开始暴露，国家间海洋划界和权益之争增加；海洋开发活动日趋频繁，各行业用海矛盾时有发生；陆源污染排放导致近海海洋环境污染状况日趋严

---

① 中华人民共和国国务院新闻办公室. 中国海洋事业的发展（政府白皮书）、转引自中国海洋年鉴（1999—2000）. 北京：海洋出版社，2001：19.

重；海洋渔业资源呈现衰竭之势。这些新问题对海洋管理提出了新的要求，海洋综合管理成为必然。近20年来，从联合国和其他国际组织到各沿海国家，在海洋管理的指导思想上，都相继确立了海洋持续利用和海洋综合管理的原则和宗旨。海洋综合管理与行业管理不同之处在于，它试图用综合的方法，解决海洋环境退化、资源枯竭以及经济协调发展问题，其根本目的是保护海洋环境、资源，促进海洋经济的持续发展。

海洋环境的整体性，海洋活动的相关性以及海洋行政管理在管理目标与任务上的根本一致性，决定了海洋行政管理应该是一种综合性的管理。因条块分割的管理体制与单向度的管理目标，已不适应现代海洋事业发展的要求。从海洋行政管理的实践环节来看，综合性管理是一种发展的趋势。虽然在实际海洋管理中，不可能所有的海洋行政管理活动都由一个政府职能部门去完成，但是海洋行政管理的性质决定了这种管理必须是立足于同一个基点，各种管理目标应该是互相照应、彼此协调的，是一种综合性的管理。

2.1.2 海洋行政管理的拓展认识

海洋行政管理是海洋事业发展到一定时期的产物，是海洋实践活动发展的必然要求。正如"社会一旦有技术的需要，则这种需要就会比十所大学更能把科学推向前进。"[1] 海洋开发、利用和保护的现实需要，不仅促成了海洋行政管理的产生，而且推动着海洋行政管理从内容到形式不断变革。21世纪，海洋世纪的到来，为海洋行政管理发展提供了机遇，同时又充满挑战：沿海国政府对海洋战略价值日益重视、海洋权益和海洋资源之争日趋激烈、海洋环保成为世界各国的自觉行动、海洋新技术成为科技发展的热点等。这些时代特征赋予了海洋行政管理新的特点和发展趋势。

1）海洋行政管理理念更具时代性

理念作为一种观念形态，因超越于特定的现实而具有普遍的适应性，是行为的先导。理念的确立和更新是构建管理体系、实现管理变革的根本。海洋行政管理的理念表现为海洋行政管理的观念形态、价值形态，通常以一些基本观念、基本原则、指导思想的形式表现出来，对海洋行政管

---

[1] 马克思，恩格斯. 马克思恩格斯选集·第4卷. 北京：人民出版社，1972：505.

理研究具有导向、定向功能和支柱作用。今天的海洋行政管理正在引入越来越多新的管理理念：可持续发展理念、公共管理理念、治理理念、战略管理理念、综合管理理念、生态系统管理理念等。这些新的理念不仅以原则、指导思想的形态在影响着海洋行政管理的发展，而且这些理念本身也已转化为海洋行政管理的实践内容和管理模式。把海洋行政管理纳入生态管理、公共管理的分析框架中，已成为理论界与实务界的共识。

2）海洋行政管理主体更趋多层次性、协同性

海洋行政管理的主体无疑是作为公共权力机关的政府，但在强调多元主体合作共治的改革实践冲击下，海洋行政管理的主体也在从政府单一主体到多元主体广泛参与的转变过程中，海洋行政管理的主体呈现出多层次性、协同性态势。

强调海洋行政管理主体的多层次性、协同性，并不是否定或削弱政府的主导作用。在海洋行政管理的多元主体中，政府是核心主体，是海洋行政管理的组织者、指挥者和协调者，在海洋行政管理中起主导作用。同样作为公共组织的第三部门——社会组织，则是作为参与主体或协同主体帮助政府"排忧解难"。仅靠市场这只"看不见的手"和政府这只"看得见的手"的作用仍然难以涵盖海洋行政管理的所有领域。海洋行政管理不仅仅是制定政策、做出规划，更重要的还要将这些政策、规划转化为现实，这一过程的实现需要通过具体的实施行为才能完成，如大范围的海洋环境保护宣传工作、海洋环境保护工程项目的建设、海洋环境的整治等，这些活动的完成必须有社会组织、公众甚至企业的参与。所以说，为了更好地维护海洋权益、保护海洋生态环境，妥善处理好各种海洋公共事务，政府在依靠自身力量的同时需要动员越来越多的社会力量参与到海洋公共事务的治理之中。政府、社会各方力量同心协力，才能更好地促进海洋公共利益的提高，同时也有助于政府自身行政效能的改善和海洋管理能力的提高。

3）海洋行政管理手段更趋柔性化、弹性化

传统的海洋行政管理主要运用行政手段，即是指国家海洋行政部门运用法律赋予的权力，通过履行自身的职能来实现管理过程。它通常表现为命令—控制手段，其前提是行政组织拥有法定的强制性权力。行政手段因

其具有强制性而在管理实践中表现出权威性和针对性，但单一的管理手段显然不能适用日益变化的海洋行政管理实践，因而，法律手段、经济手段、教育手段等管理方式也日益在海洋行政管理中发挥作用，特别是经济手段，由于它的激励作用而能够促使人们主动调整海洋行为。随着新的管理理论的运用和海洋实践活动的需要，海洋综合管理的手段也在不断拓展。传统意义的海洋行政管理手段尽管仍然在发挥作用，但无论其内容还是形式上都在发生着非常大的变化。现代海洋行政管理手段变化的一个新的趋势是管理方式向柔性、互动的方向发展。所谓"柔性"是指管理者以积极而柔和的方式来实现管理目标，它克服了以往命令—控制方式的强硬性、单一性，而是以服务为宗旨，综合运用各种灵活多变的手段，并在其中注入许多非权力行政因素，如指导、引导、提议、提倡、示范、激励、协调等行政指导方式。所谓"互动"强调的是现代行政管理是一个上下互动的管理过程，它主要通过合作、协商、伙伴关系，确立认同和共同的目标等方式实施对海洋公共事务的管理，其权力向度是多元的、相互的。总之，新的管理手段突出了管理过程的平等性、民主性和共同参与性，表明由传统的管制行政向服务行政的转变。

4）海洋行政管理更具开放性

以《联合国海洋法公约》为代表的国际海洋管理制度已经建立，世界各国都将在此基础上进一步建立和完善国家的海洋管理制度。21世纪海洋行政管理将得到全面发展和进一步加强。海洋行政管理的范围由近海扩展到大洋，由沿海国家的小区域分别管理扩展到全世界各国间的区域性及全球性合作；管理内容由各种开发利用活动扩展到自然生态系统。海洋的开放性、海洋问题的区域性、全球性决定了海洋行政管理具有国际性，海洋行政管理的边界已从一国陆域、海岸带扩展到可管辖海域甚至公海领域，所管理的内容也由一国内部海洋事务延伸到国与国之间的区域海洋事务或全球海洋公共事务。例如，随着海上活动的愈加频繁，海洋公共危机发生的频率大大增加，危害程度加深，由海洋公共危机会引发一系列其他领域的危机，比如生态环境破坏、全球气候变化、海平面上升等，危机也逐渐走向"国际化"。海洋将全球连接在一起，海洋天然的公共性和国际性要求必须加强全球合作，治理海洋公共危机。与沿海国家合作共同治理海洋，成为海洋行政管理面临的一个新的课题，也给海洋行政管理者带来了新的挑战。

总之，海洋行政管理进入了新的世纪。海洋意识的提高，环保行动的增加，海洋权益的争夺，海洋科技的发展使得我国海洋管理的环境发生了深刻而巨大的变化，同时全球化、高新技术、法律体制、非传统安全也为海洋行政管理带来了新的挑战。如何适应目前条件下的环境变化，克服各种挑战，成为海洋行政管理必须关注的问题。在未来的发展过程中，海洋行政管理将日趋成熟和完善，从而为海洋事业发展创造良好的制度和体制基础。

2.2　海洋行政管理的制度体系

海洋行政管理面对的是一个复杂的矛盾体系，其中有冲突也有合作。冲突有一种导致社会无序的倾向，倘若不加以控制，冲突双方乃至整个社会就会在争斗中损伤。要防止冲突所带来的危害，需要有制度加以制约，制度是实现冲突各方有效合作的保障。俗话说，"没有规矩，不成方圆"。使海洋行政管理能够"成方圆""出成效"的"规矩"就是海洋行政管理制度。海洋行政管理制度作为一套系统的规范涉海人群行为的规则、模式，以其特有的支撑作用，影响着海洋事业的发展。

2.2.1　海洋行政管理制度的基本构成

按照制度经济学派的观点，制度是指约束人们行为的一系列规范，既包括政治法律制度等成文的规则，又包括存在于人的观念中、依靠人的自我约束和舆论监督来实施的道德、风俗、习惯等。经济学家诺斯在"制序变迁的理论"一文中指出，"制度是人所发明设计的对人们相互交往的约束。它们由正式规则、非正式规则的约束（行为规范、惯例和自我限定的行为准则）和它们的强制性所构成。简单来说，它们是由人们在相互打交道中的强制约束的结构所组成。"据此概括可知，制度主要是由正式规则、非正式规则和它们的实施方式构成。其中，正式规则又称正式制度，是指人们有意识创造的一系列政策法则，包括法律、政治规则、经济规则等，它由公共权威机构制定或由有关各方共同制定，正式规则具有强制力；非正式规则又称非正式制度，是人们在长期交往中无意识形成，并构成历代相传的文化的一部分，主要包括价值信念、伦理规范、风俗习性、意识形态等，它是对正式规则的补充、拓展、修正、说明和支持。正式规则和非正式规则告诉了人们应当干什么，不应当干什么，它们给定了我们行为标准，但如果不执行，从现实的效果看就等于没有制度。制度的执行机制，一方面表现在对违规行为的惩罚上，另一方面表现为激励性，即通过一些刺激人们利益动机的措施，来改变人们的价值取向和行为偏好，以此实现制度安排的目的。

依照制度学派分析框架，可以引申出海洋行政管理制度的内涵。海洋行政管理制度指的是对涉海人群和涉海组织行为进行制约的一系列规则，这些规则包括来自国家或组织强制力作用实施的正式规则，也包括来自社会舆论和社会成员自律作用下实施的非正式规则以及海洋行政管理的实施机制。海洋行政管理的正式规则即正式制度，主要有：海洋行政管理政策、海洋行政管理法规、海洋行政管理战略和规划等，它由全国人大、国务院、国家涉海管理部门制定，具有普遍的约束力。海洋行政管理的非正式规则即非正式制度主要指：海洋价值观、海洋意识、海洋习俗、海洋禁忌等，它是人们在长期的海洋实践活动中自然演化而成的，并与人们的行为方式、思维方式和生活方式融合在一起，是得到社会认可的行为规范和内心行为标准。尽管非正式制度往往是不成文的或无形的，给人以"软"的感觉，但却因其根深蒂固和有着深厚的群众基础而左右着涉海人群的行为。不同的观念体系影响了人们的制度选择和行为方向。西方世界之所以从古代至今，一直把征服海洋、发现和开辟海外市场、向海洋要财富作为自己的行动战略，最重要一点就在于他们所持有的"谁能控制海洋，谁就能控制世界"的海洋价值观念。

海洋行政管理的正式制度与非正式制度相互联系、相互制约、共同作用，交织成一种影响人们海洋实践活动的制度框架。这种框架的设立是以确定的、为绝大多数成员认可的方式或规则存在的，并把涉海人群的行为纳入到这种关系框架内，使之遵循一定的规矩和模式，从而保证涉海个体或组织的行为与社会要求相吻合，实现同步发展。海洋行政管理制度还内含实施机制，海洋行政管理制度的实施机制是指海洋行政管理制度实施的方式、方法及各相关因素的互相影响、互相作用的内在机理，是海洋行政管理制度的具体运作体系和实际操作过程。这个过程是通过涉海人、财、物等各种资源之间相互影响、相互制约的运作机制来完成的，目的就在于对涉海人、财、物进行合理安排，使其在发挥各自功效的同时，实现系统整体功效的最大化。实施机制主要表现为对涉海行为的激励和约束，一方面，它给涉海人群以规则约束，规范着他们行为方式的选择，使其行为"不逾矩"；另一方面，它又通过影响利益分配等手段，保证涉海人群的责权利有机结合，从而调动其积极性，激发动力和活力。以往的海洋行政管理制度更多的是强调其约束功能，而现在的海洋行政管理制度则更多地体现"以人为本"的管理原则，强调其激励功能。

通常人们在谈到海洋行政管理制度时，看到的及考虑更多的是海洋行政管理的正式制度，因为它看得见、摸得着，如果设计合理，可以非常容易地照章办事，无论是奖励还是惩罚，都有章可循。就行为个体来讲，正式的海洋行政管理规则对他来讲，就是一个行为指南、活动准则。由于正式的海洋行政管理规则易于操作，而且它本身也是海洋行政管理部门的职责、权威体现，因而，当提到加强海洋行政管理制度建设时，主要指的是海洋行政管理的正式制度建设。但是，海洋行政管理制度的整体是由正式制度和非正式制度（还包括实施机制）所构成。在某种意义上说，非正式制度甚至比正式制度更为重要。因为在一定的社会物质生活条件下，非正式制度中的观念形态是影响制度形成、制度选择的决定因素，正式制度只是制度体系的一个部分，它们必须由非正规制约加以补充——对规则进行扩展、阐释和假定。非正规制约解决了众多无法由正规规则覆盖的交接问题，并有很强的生存能力。在制度结构中，正式制度可以在一夜之间被政治组织所改变，而非正式制度的变化则很慢。尽管非正式制度安排是以意识形态和文化占主导地位的，但它可以使其由个人意识转变为社会意识，由主观精神转变为客观精神，从而形成一定的社会文化环境。它有可能以"指导思想"的形式构成正式制度安排的"理论基础"和"最高准则"，同时还可以在形式上构成某种正式制度的"先验"模式。非正式制度与人们的动机和行为有着内在的联系，因而构成影响市场秩序、制约经济可持续发展的无形力量。如果非正式制度（如滞后的意识形态）与正式制度不一致，则会阻碍新制度的贯彻实施，增大制度创新和制度实施的阻力和成本。与正式制度相一致的非正式制度（一致性意识形态）则有助于降低正式制度的运行成本（交易费用）。因为，当个人深信一个制度是非正义的时候，为试图改变这种制度结构，他们有可能忽视这种对个人利益的斤斤计较。当个人深信习俗、规则和法律是正当的时候，他们也会服从它们。所以，加强海洋行政管理制度建设，重要的一点在于正确认识海洋行政管理的非正式制度的作用，加强海洋行政管理的非正式制度建设。

2.2.2 我国海洋行政管理的制度现状

1）我国海洋行政管理正式制度的现状

自 20 世纪 80 年代以来，我国涉海事务日益增多，相关法律法规和政策陆续出台，在一定程度上改变了海洋制度建设薄弱的问题。我国已经加入和签署的国际海洋公约和条例，成为我国海洋法规法律体系的基础。根据国情我国制定了多个海洋法制体系的主要规章：①海洋规章资源类法律，我国颁布的《中华人民共和国海域使用管理法》及附属法规和规章，确立了海洋功能区划、海域权属管理、海域有偿使用 3 项基本制度。②海洋环境保护类法律，《中华人民共和国海洋环境保护法》及其附属法规和规章、《海洋倾废管理条例》《海洋石油勘探开发环境保护条例》《海洋自然保护区管理办法》等。③涉外海洋活动管理类法律，有《涉外海洋科学研究管理规定》《铺设海底电缆管道管理规定》等。④国家基本行政程序性法律，《中华人民共和国行政处罚条例》《海洋行政处罚实施办法》等。

2）我国海洋行政管理非正式制度的现状

海洋行政管理非正式制度的一个核心内容就是海洋意识。由于我国历史上以农立本，全民自上而下的海洋意识淡薄。小农自然经济下生长的农耕意识和内敛保守的观念形态制约了人们的行为，内向守旧的视野，使民族发展的轴向长期偏离了海洋。尽管当今国人的海洋意识已经有了很大的提高，但仍未把海洋意识上升为一种能够影响行为选择的价值尺度和思维模式。即使在今天，很多人仍然固守着封闭的大陆意识，没有从观念上改变对海洋的认识，没有从心里感受到海洋的分量。主要表现为：在人们的思维中，缺乏海洋国土意识，对海洋国土的战略地位认识不清；对海洋的价值认识不全面，没有充分认识到海洋对于当今人类生存发展的特殊意义；仍然把海洋看做可以无偿使用的公共物品，可以自由获取其资源，可以任意往海里倾倒废弃物等。这样的一种文化背景、观念形态，必然影响到海洋行政管理的制度构建、制度实施等一系列制度建设活动，从而影响到我国海洋事业的发展。近年来，经过政府和社会各界的大力宣传，公众的海洋意识有所提高，表现在：海洋国土的观念已开始被公众所接受；对海洋重要的战略价值、资源价值的认识有所提高；海洋环境保护、海洋权益保护的意识有所增强。如已有民间团体自发地组织起来参加保卫钓鱼岛的斗争，一些环保组织也采取积极行动保护海洋环境。

　　3）我国海洋行政管理实施机制的现状

　　海洋行政管理的实施机制主要是指海洋行政管理制度的运行机制，其中海洋行政管理体制是核心内容。目前我国海洋行政管理实行的是统一管理与部门管理相结合的分散管理方式的体制形式。国家海洋局是管理海洋事务的直属的职能部门，代表国家对全国海域实施管理。由于海洋开发利用涉及多个部门，因此，行业管理一直作为我国海洋行政管理制度中的一个重要组成部分，发挥着重要的作用。《中国海洋21世纪议程》中指出："综合管理与行业管理有相辅相成的作用，都是海洋行政管理体系不可缺少的组成部分，而且不能互相代替。"目前我国的主要涉海行业管理部门包括：渔业、矿产、交通、海事、环保、外交、科研等部门，行业化的海洋行政管理，对于组织海洋特定资源的勘探和开发利用活动、提高专业管理的水平，有积极意义。

2.3　海洋行政管理制度的变革

　　国家海洋行政管理制度既是政治制度、经济制度的组成部分，也是海洋综合管理和其他管理实施的前提和保障，在国家或地区的海洋经济与社会发展中占有重要的地位。建立适合于国情、科学合理的海洋行政管理制度，不仅影响到国家海洋政治与经济利益，而且推动着海洋事业的进步。在明确当前我国海洋行政管理制度中存在问题以后，我们应当有针对性地实施阶段性变革或调整，使之逐步完善并更好地发挥作用。由于海洋行政管理制度包括正式制度、非正式制度和实施机制三个层面的内容，因而，海洋行政管理制度的变革也应该包含这三个层面的内容。

2.3.1 海洋行政管理的非正式制度变革

制度变革如果获得了非正式制度的支持，可以大大减少其创新成本和实施成本，可以很容易地获得自身的权威性和新制度的合法性。但非正式制度的变化相对较慢，其中的观念、意识往往根深蒂固，一旦与社会变革的方向背离，便会成为制度变革的极大阻力。因此，制度变革首先强调的应是非正式制度的变革。海洋行政管理的非正式制度变革主要是指树立新的海洋行政管理理念，运用新的海洋行政管理理论，养成新的海洋行政管理习惯，为海洋行政管理创新提供强大的推动力量。要实现非正式制度的变革，需要注意以下几个方面。

（1）调整海洋价值观，重新定位人与海洋的关系。受人类中心主义观念的影响，长期以来，人类在面对海洋时，总是以主人的身份试图去占有它、制服它，一味地从海洋中掠取所需要的各种物质资源，结果也招致了海洋的惩罚。因此，要保护海洋环境，保持海洋经济的可持续发展，首先就是要重建人与海洋之间的平等关系，尊重和爱护海洋；同时还应确立新的海洋价值观念，包括：海洋国土观、海洋生态伦理观、海洋可持续发展观、海洋资源观等。只有在新的海洋价值观支配下，才能实现海洋行政管理制度的变革。

（2）增强海洋意识，明确海洋发展对人类的战略意义。海洋是支撑人类可持续发展的宝贵财富，特别是对中国这样一个陆地资源日益匮乏的人口大国而言。为此，不仅要进一步增强海洋意识，而且要树立新的海洋观念。①要从可持续发展的角度看待海洋，认识到海洋是地球上唯一尚未充分开发的宝地，是保证可持续发展的重要资源和财富，是影响和改善政治、经济、军事的重要因素，构成人类生命支持系统的重要部分，是全球人民的共同家园和发展空间。②重新认识、评估海洋价值，特别是要提升海洋的生态价值、战略价值，海洋开发与海洋保护并重，避免走边开发边破坏海洋生态环境、"发展—污染—治理"的老路。③为保证海洋意识的提高，应在全社会加强宣传教育，其中，把海洋意识培养纳入各级学校教育体系中，不失为有效的长久之计。

（3）引入新的海洋行政管理理念。可以说，在海洋行政管理制度的非正式制度中，影响海洋行政管理的主要是一些长期习得、自发形成的意识。要实现海洋行政管理制度的非正式制度的变革，必须使海洋行政管理的观念、意识由自发上升为自觉，也就是说要主动引入新的海洋行政管理理念，用新的管理思想来支配管理行为。影响海洋行政管理制度的思想很多，目前主要应强化的是海洋生态管理理念、海洋公共管理理念和海洋综合管理理念。综合管理的思想在联合国的大力倡导下，已经被各沿海国家接受，但关键是怎样落实到行动上并产生实效。海洋行政管理的政策制定者和执行者在政策制定和管理过程中，没有自觉地把生态管理和公共管理理念纳入海洋行政管理实践活动中，海洋行政管理制度建设和实践活动缺乏新的管理思想指导。因此，通过引入新的管理理念，促使人们改变管理思想，以生态管理、公共管理的视角来看待海洋行政管理，从而实现非正式制度的变革。

2.3.2　海洋行政管理的正式制度变革

海洋行政管理中非正式制度的变革是海洋行政管理制度创新的必要条件，它减少了制度变革的成本，为海洋行政管理制度变革扫清了障碍。但是，若仅有非正式制度的变革，缺乏强制性的正式制度约束，海洋行政管理制度的变革仍难以实施，所以还必须把价值层面、思想层面的非正式制度变革转化为法律、制度层面的正式制度的变革。非正式制度的形成和发挥作用主要靠约定俗成和人们的自觉意识，由于其缺少强制力因而它的功效并不必然发生；而海洋行政管理的正式制度所提供的是一整套严格、明确、有序的规章制度，既为人们给出了行动的目标，又为人们定出了"选择空间"的边界。海洋行政管理的正式制度的提供者有政府、团体和个人，其中起主导作用的应该是政府。海洋行政管理正式制度的变革是海洋行政管理制度变革中的实质性内容，这一过程往往是通过对海洋行政管理政策、法规、具体管理措施等进行调整、改革来实现的。因此，要实现海洋行政管理的正式制度变革，需要做好几项工作。

（1）制定科学的海洋行政管理政策、完善海洋行政管理的法律、法规体系。海洋行政管理政策是海洋行政管理部门所制定的准则，具有明确的目标指向和可操作性。海洋行政管理政策变革过程并不等于简单地增加新政策，而是要坚持政策效率的原则，对海洋行政管理政策进行系统的改善。变革海洋行政管理政策，应该注意海洋行政管理政策、法规的可行性、可操作性及权威性。政策法规在一定程度上体现着国家的意志、价值导向，具有严肃性和权威性，一旦确立，需要保持一定的稳定性，不能朝令夕改。同时，政策法规的制定要具有科学性和严谨性，应尽量减少主观因素，以保证政策法规变革的有效落实。

（2）加快制定海洋战略，建设海洋强国。国家海洋战略是国家用于筹划和指导海洋开发、利用、管理、安全、保护、捍卫的全局性战略，是涉及海洋经济、海洋政治、海洋外交、海洋军事、海洋权益、海洋技术诸方面方针、政策的综合性战略，是正确处理陆地与海洋发展关系，迎接海洋新时代宏伟目标的指导性战略。研究制定海洋战略的原则，要服从国家战略的全局，并充分考虑国家和民族的长远利益；要适应海洋开发与管理形势、任务的需求。

（3）借鉴国外先进的制度形式，降低正式制度变革的成本。制度具有移植性，但非正式制度由于内在于传统和历史积淀，很难从国外"引进"。正式制度尤其是那些具有国际惯例性质的正式制度是可以从一个国家移植到另一个国家的，如我国在海洋行政管理过程中就移植了西方国家一些有关综合管理的规则，从而大大降低了正式制度创新和变迁的成本。此移植的过程也是"修正"的过程，对国外先进海洋行政管理政策的借鉴运用，确实可以极大地推进我国海洋行政管理改革的深入发展。值得注意的是，移植的正式制度要想生根发芽，真正发挥作用，还必须与非正式制度相容，被非正式制度所认可。

2.3.3 海洋行政管理制度实施机制的变革

海洋行政管理制度实施机制变革的内容包括海洋行政管理的体制安排、海洋行政管理机构设置、海洋行政管理部门职权的划分、海洋行政管理方式变革、海洋行政管理计划和海洋行政管理战略调整等，其中最基本的内容是海洋行政管理体制的变革。海洋行政管理体制的变革，需要重新审视海洋行政管理的职能，明确海洋行政管理的各种职责，合理配置海洋行政管理的各种资源，合理安排涉海各部门、各相关者的职责权限。同时，还应建立有效的海洋行政管理运行机制，如协商机制、咨询机制、奖励机制和惩罚机制等，以保证海洋行政管理制度的有效实施。

海洋行政管理面对的是一个复杂的矛盾体系，理顺国家海洋行政管理部门与地方海洋行政管理部门之间、海洋综合管理部门与海洋行业管理关系需要做到几点：①坚持国家海洋行政主管部门对全国海洋行政管理工作的统一监督和指导，国家海洋行政管理部门制定的管理政策和规章应该具有权威性。②理顺国家与地方政府海洋行政管理部门各自的职权责任，国家海洋主管部门应发挥"指导、协调、服务、监督"的作用，主要负责海洋统一管理、综合管理。③充分调动和发挥地方政府管好海洋的积极性。

在海洋行政管理制度实施机制的变革中，一个重要的目标就是要建立起协调配合的管理机制。因我国的海洋行政管理涉及多个部门，海洋、环保、水产、交通、水利、盐业、旅游、矿产等部门都可以依据有关法律法规所赋予的权限对人们的涉海活动进行管理，它们往往各自为政，且彼此的管理权限不明晰，从而造成管理效率低下或管理资源浪费。为此，在海洋行政管理制度的运行过程中，应当注意：合理界定海洋统一管理部门与各行业管理部门的职责范围，海洋统一管理部门主要对涉及海洋资源开发秩序、海洋生态环境保护等事关全局的问题进行管理，并且为涉海部门提供各类公益服务，而涉海行业管理部门则侧重于各自专业领域所涉及的海洋行政管理工作；建立海洋统一管理部门与海洋行业管理部门的协调配合机制，减少职能交叉和重叠，增加部门间的协调配合和资源共享机制。上述目标的实现，也就意味着一种统一管理与分部门分级管理相结合的海洋行政管理体制的建立。

2.4　我国海洋行政管理体制现状及其变革

2.4.1　我国海洋行政管理体制包含的内容

在 2013 年以前，我国实行统一管理与分级管理相结合的海洋行政管理体制，属于半集中型的海洋行政体制。[①] 2013 年的大部制改革，对我国

---

① 鹿守本，艾万铸．海岸带综合管理：体制和运行机制研究．北京：海洋出版社，2001：132.

的海洋行政管理体制进行了较大幅度的变革。设置了较高位阶的海洋委员会，将以前分散的海洋执法队伍进行了整合，从而使得目前我国的海洋行政管理体制具有了集中型的基本特征，因而可以归属于集中型海洋行政管理体制。我国的海洋行政管理体制包括以下四个方面的内容。

1）海洋行政管理领导与协调体制

海洋行政管理领导与协调体制，代表了中央对海洋事务的统一领导、组织协调。目前，我国海洋行政管理领导与协调体制包括两个方面。

（1）国家海洋委员会。国家海洋委员会作为我国最高层次的海洋事务统筹和协调机构，是2013年海洋行政体制改革的重要内容之一。2013年3月10日，十二届全国人大一次会议在北京人民大会堂举行第三次全体会议。为加强海洋事务的统筹规划和综合协调，国务院机构改革和职能转变方案提出，设立高层次议事协调机构国家海洋委员会。国家海洋委员会的成立，是我国海洋行政管理体制由半集中向集中转变的重要标志之一。国务院机构改革和职能转变方案设定的国家海洋委员会职能主要包括两大部分：负责研究制定国家海洋发展战略；统筹协调海洋重大事项。国家海洋委员会为我国海洋事务的统一领导、组织协调奠定了体制保障，这是我国海洋行政管理体制逐步走向完善的重要举措。

（2）海洋行政主管部门——国家海洋局。国家海洋局作为我国的海洋行政主管部门，承担国家海洋委员会的具体工作。国家海洋委员会尽管层次较高，但并非一个实体组织，而是一个议事协调机构。因此，国家海洋局代表中央，统一负责海洋的有关事宜，完成国家海洋委员会委托及其他有关全国海洋事务的管理工程。目前，在行政体制上，国家海洋局存在双重身份：①作为国家海洋委员会的执行机构，代表中央完成国家海洋委员会的决议和交给的其他任务；②作为国土资源部下属的国家局，接受国土资源部的领导。与国土资源部其他的部门有所区别，国家海洋局拥有较大的独立性，同时也设有自己专门的海洋执法队伍。

2）地方海洋行政管理体制

地方海洋行政管理体制是指沿海地方政府中管理海洋的职能部门的职权划分以及其在地方政府中的地位和作用。按照地方海洋行政管理机构的设置和管理职能，可以将其划分为三种。

（1）海洋与渔业管理相结合体制。在全国15个沿海省（区、市）和计划单列市当中，有10个是属于海洋与渔业合并在一起的行政管理体制。自北向南分别是：辽宁、山东、青岛、江苏、浙江、宁波、福建、厦门、广东、海南。管理机构名称一般为海洋与渔业厅（局）。

海洋与渔业厅（局）兼有海洋和渔业的两种管理职能，受国家海洋局和农业部渔业局的双重领导。在海上执法过程中，既有海监管理的执法任务，又有渔政监督管理职能。因此，这两种海洋行政管理体制是把海洋和渔业管理紧密结合在一起的体制。这种体制延续了大部制改革的思路，将相邻的管理部门进行整合，从而实现职责的明确。有的沿海地方政府在这方面更进一步，例如江苏东台市甚至将滩涂管理机构也合并进来，成立了海洋滩涂与渔业局。这是迈向海洋综合管理的一大步。

（2）隶属于国土资源管理体制。河北省、天津市、广西壮族自治区三个省（区、市）在机构改革中，遵循中央机构改革模式，将地矿、国土、海洋合并在一起，成立了国土资源厅（局）。其中，海洋部门负责海洋综合管理和海上执法工作。

（3）国家海洋局分局与地方海洋行政管理部门结合体制。上海市地方海洋行政管理机构在改革过程中，与国家海洋局东海分局合并，这种地方海洋行政管理体制在全国尚不多见。而且，上海市还进一步整合了其与水利管理部门之间的职能关系，将水利部门也整合进了这一管理机构中。

地方海洋行政管理体制情况见表2－1。

表2－1　地方海洋行政管理体制一览表

模式	海洋与渔业模式	国土资源模式	分局与地方结合模式
实行省市	辽宁、山东、青岛、江苏、浙江、宁波、福建、厦门、广东、海南	河北、天津、广西	上海

3）涉海行业管理体制

我国的涉海行业管理模式是指基于管理职能的划分，使得一些中央职能部门的管理权限也涉及海洋行政管理的某一领域。按照职能进行权限划分和机构设置，是目前行政体制的主要特点。在2013年的机构改革中，尽管设置了较高层级的海洋委员会，但是并没有对隶属于各个职能部门中的涉海职能进行整合。因此，我国的海洋行业管理体制也是海洋行政管理体制的主要组成部门。目前我国涉海行业管理体制可以细分为以下几个方面：海洋渔业的管理、海上航运和港口的管理、海洋油气生产的管理、海盐生产的管理等。

以上这种多头、分散式的海洋行政管理体制，尽管在海洋开发中发挥过积极作用，但是，随着海洋开发范围和力度的拓展和加大，其弊端也逐渐暴露出来。这使人们认识到，单靠各自为政的行业分散式管理，是无法保证海洋资源的有序开发和合理利用的，综合管理已成为人们的普遍共识。近年来，海洋综合管理日益受到各级领导的重视。国家在机构改革中进一步明确了国家海洋局为国务院管理海洋事务的职能部门，负责综合管理我国海域、维护我国海洋权益，协调海洋资源合理开发利用，保护海洋环境等项工作。

2.4.2 我国海洋行政管理体制的沿革及其优化

海洋行政组织变革是海洋行政管理优化的重要内容。海洋行政组织变革，既包括海洋行政管理机构的整合，也包括机构之间的职权重组与责任明确。因此，海洋行政组织变革是一个系统性和全面性的问题。

1）海洋行政组织的沿革

我们以国家海洋局的成立、发展、职权调整为主线，梳理我国自20世纪60年代以来海洋行政组织的沿革。通过历史沿革的梳理，能够更好地认识我国目前海洋行政组织的特性、存在的问题以及海洋行政管理体制的改革。

（1）成立期（20世纪60—70年代）。1963年，29位海洋专家学者上书党中央和国家科委，建议加强我国的海洋工作。专家们认为我国在海洋行政管理方面至少存在四个方面亟须解决的问题：①海上活动安全没有保证；②海洋水产资源没有得到充分合理利用；③海底矿产资源储量和分布情况了解甚少；④国防建设和海上作战缺乏海洋资料。因此必须加强对全国海洋工作的领导，建议成立国家海洋局。专家们的意见得到了党中央和国家的认可，经过第二次全国人大审议批准，1964年7月，国家海洋局正式成立。国家海洋局的成立，标志着我国开始了专门的海洋行政管理。

成立之初的国家海洋局，其职能包括统一管理海洋资源和海洋环境调查、资料收集整编和海洋公益服务。此外，国家海洋局还组建了北海分局、东海分局、南海分局、海洋科技情报研究所，接管建设了60多个沿海海洋观测站、海洋水文气象预报总台、海洋仪器研究所以及第一、第二、第三海洋研究所和东北工作站（后来改为海洋环境保护研究所）等机构。①

（2）发展期（20世纪80—90年代）。这一时期，我国海洋行政组织建设具有两个特点：一是逐渐为地方海洋行政管理机构的成立奠定了基础。早在80年代初，当时的五部委联合在沿海省市开展全国海岸带和海涂资源综合调查。为了更好地配合这次调查，沿海各省市都成立了"海岸带调查办公室"。这样一个临时性机构，成为今天沿海地方海洋行政管理机构的雏形。在历时8年的联合调查后，在国家科委和国家海洋局的倡议下，海岸带调查办公室改为沿海各省市科委下面管理本地海洋工作的海洋局（处、室）等机构，接受国家科委和国家海洋局双重领导。我国地方海洋行政管理机构初现端倪。

另一个典型特点就是进一步加强了涉海行业管理。这一时期，我国的涉海行业管理在四个方面开始得到加强和完善：①海洋渔业的管理。国家除了加强了对海洋渔业的立法之外，② 在机构建设上，设立了主管渔业和渔政的渔业局，隶属农业部。渔业局下设渔政渔港监督管理局、渔业船舶检验局，并在黄渤海、东海和南海设立了三个直属渔业局的海区渔政局。此外，沿海各省市和地县也都设立了水产行政主管机构和相应的渔政管理机构。②海洋港口和交通运输管理。交通部下设港务系统、航道系统和港务监督系统，进行海上航运的管理。成立了港务监督局③，主管水上交通安全。到1987年，我国在沿海主要港口组建14个交通部直属的海上安全局，沿海港监队伍扩大到一万多人。③海洋油气生产管理。早在1964年，

---

① 鹿守本，等. 海岸带综合管理. 北京：海洋出版社，2001：127 - 128.

② 1986年，我国颁布了渔业的基本法——《中华人民共和国渔业法》，随后又颁布了《中华人民共和国渔业法实施细则》和《中华人民共和国野生动物保护法》。

③ 现在称为"水上安全监督局"。

我国就开始了海洋油气勘探。1979 年，我国实行对外合作勘探开发海洋石油天然气的政策，成立了中国海洋石油总公司和中国石油天然气总公司，每个公司下面都设有若干个海区公司。④海盐生产管理。当时，我国将盐业生产统一归属到国家轻工业局进行管理，在全国成立了中国盐业协会和中盐业总公司。在国家的统一规划下，进行盐业的生产和销售。这一时期的海盐生产，更多的是突出盐业的统一管理，没有彰显海洋行政管理在盐业管理中的特性。

（3）调整期（20 世纪 90 年代末至 2012 年）。1998 年，国务院进行机构调整和改革。其改革的一个重要内容就是合并机构，精简人员，压缩部委的数量。国家海洋局整合为隶属国土资源部的独立局。国家海洋局的基本职能也进行了调整，确定为海洋立法、海洋规划和海洋行政管理三项职能，其基本职责发展为海域使用管理、海洋环境保护、海洋科技、海洋国际合作、海洋减防灾、维护海洋权益六个方面。这一时期，除了调整、完善海洋局的职能外，另一个重要的机构调整就是于 1999 年成立了中国海监总队，负责海洋监察执法，与国家海洋局合署办公。随后不久，国家海洋局的三个分局也分别成立了北海区海监总队、东海区海监总队、南海区海监总队。①

（4）走向完善期（2013 年至今）。2013 年的大部制改革中，国务院机构改革和职能转变方案的重要内容之一，就是重新组建国家海洋局。重新组建后的国家海洋局，在几个方面实现了突破。首先，成立了高层次的议事协调机构国家海洋委员会。国家海洋委员负责研究制定国家海洋发展战略，并统筹协调海洋重大事项。国家海洋局负责国家海洋委员会的具体工作。其次，整合了海上执法队伍，成立了新的国家海警局。2013 年的机构改革和职能转变方案，将原来分别隶属于海洋局、公安部、农业部、海关的海上执法队伍进行了整合，成立了新的海上执法队伍——中国海警局。海警局接受国家海洋局的领导，公安部的业务指导。

尽管 2013 年的大部制改革中，并没有对国家海洋局的隶属关系进行调整，国家海洋局依然是国土资源部下辖的国家局，但是它设立了高层的

---

① 鹿守本，等. 海岸带综合管理. 北京：海洋出版社，2001：131.

国家海洋委员会，并对执法队伍进行了整合，这预示着我国的海洋行政管理体制进入了一个新的完善时期。我国的海洋行政管理体制也从半集中型发展到了集中型体制。今后的行政管理体制改革，重点是进一步完善集中型管理体制，加强海洋局的管理能力和执行能力，进一步理顺国家海洋局内部以及与国家海洋委员会、海警局之间的关系。

2）海洋行政管理体制的变革

海洋行政管理并非一成不变。随着社会发展以及政府行政职能调整的要求，海洋行政管理也需要随着做出变革。当然，这种转变既有行政管理职能变革的要求，也有海洋行政管理理念变革的要求。

（1）海洋行政管理重心的转移。我国海洋行政管理重心的转移，还没有实现认识上的一致。从目前的海洋行政管理的特点以及发展趋势看，海洋行政管理转变的重心应该包含以下两个方面。

一是从直接开发与保护海洋转移到主要对涉海组织及个人进行管理上。基于计划经济管理模式的延续，我国在海洋行政管理中，也秉承了直接管理的思路，即政府直接对海洋进行开发。当前我国海洋行政管理还面临着一些新的形势和问题，如海域开发主体多元化，海洋开发高新技术的发展，海洋非传统安全因素的增加以及国际海洋争端的增加等，这些都迫切需要提高海洋行政管理的能力，由直接开发与保护转移到涉海组织及个人进行管理上。随着海洋公共事务的增多，越来越多的国人认识到，单独依靠行政力量是不能很好地完成海洋行政管理工作的，因此转变管理模式势在必行。要通过分权和授权，将海洋企业、海洋非政府组织以及海洋相关人群等引入到海洋产品和服务的提供中来，构建起一个由政府、市场和社会多元主体共同管理的模式。实现由全能型向有效型转变。对涉海组织和个人不再是管制和控制，而是转向提供服务，为服务创设条件。社会中的组织和个人不再是单纯的被管理对象，而是成为具有主体资格和独立行为能力的服务对象，成为海洋行政管理的主要参与者，成为海洋行政管理的中心。

二是从海洋开发为主转移到海洋保护为主。人类经济活动与海洋环境系统之间是相互促进相互制约的关系。海洋环境系统不仅为人类生存提供环境支持，而且为人类社会的发展提供了物质基础。人类从海洋环境系统中提取可用资源，为自己创造着财富，同时又把一些废物排入海洋环境，影响着海洋环境的质量。对海洋资源开发利用的经济活动，由于受人类当前技术水平的限制，必然会有大量的生活或生产废物直接或间接流入大海，从而对海洋环境形成污染和冲击，导致海洋环境质量恶化。同时，由于海洋环境的公共物品属性，海洋开发利用活动中往往出现海洋资源的浪费和过度开发，导致不可再生海洋资源短缺日益严重化。而且，过度开发可再生海洋资源，也将使海洋生物网中的食物链受到损害，从而影响海洋生态系统的再生能力。这就需要人们在海洋开发利用过程中必须注意处理好海洋经济发展与海洋环境保护的关系，尽最大可能减少对海洋环境的破坏程度，从海洋开发为主转移到海洋保护为主，建立有效的资源管理体系，来规避配置失衡。我们既考虑满足当代人的需要，又要兼顾后代人的生存与发展。

（2）海洋行政管理方式的改变。

第一，由单一运用行政手段转变为多手段综合运用。

海洋行政管理的管理方式中，包括行政手段、经济手段和法律手段。海洋行政管理的行政手段包括出台各种海洋政策、海洋规划以及行政命令、指示、决议、决定等行政文件。行政手段实际上就是行使行政权威，具有强制性和垂直性。它是我国传统海洋行政管理的主要管理方式，具有成本低、效率高等优点。

海洋行政管理的经济手段是指国家海洋行政管理机关运用税收、财政支持、收取费用以及奖励、罚款等经济手段间接管理海洋的手段。经济手段实质是运用市场机制来实现国家管理的方式。经济手段有利于社会经济利益重新分配，从而调节海洋活动中各种经济关系，使海洋活动中各种经济组织的活动方向、活动规模和发展速度等沿着有利于合理开发利用和保护海洋的方向发生变化，从而达到海洋治理的目的。海洋行政管理的行政手段是指国家海洋行政管理机关按照行政方式，通过行政程序，直接规范、协调海洋实践活动的一种管理方法。

海洋行政管理的法律手段是指国家依据法律法规对海洋实践活动进行管理的方式，主要指通过海洋法律、法规的制定与颁布实施，依法来规范、监督人们的海洋实践活动，调解和处理海洋活动主体之间的矛盾纠纷，保证海洋开发利用活动的有序进行。海洋行政管理所运用的法律法规，是指所有调整我国海洋活动中各种关系的法规，既包括与海洋行政管理相关的国内所有法律法规，也包括调整涉海国家之间的有关国际海洋法规。

我国的海洋行政管理方式需要改变以往太注重行政手段的传统模式，而综合运用行政手段、经济手段和法律手段。行政手段可以提高海洋行政管理的效率，降低成本。经济手段能够实现海洋资源的合理配置，有效提高个人、企业及其他社会组织参与海洋开发的积极性。海洋行政管理的法律手段则可以提高海洋行政管理的公平性，更好地实现开发与保护的平衡，有效约束海洋行政管理主体的管理行为，使其有法可依，需要建立完备的海洋行政管理法律法规体系。行政手段、经济手段与法律手段的综合运用，可以使得行政管理职能管理方式多元化，从而更好地实现海洋开发与保护的平衡。

第二，由微观管理为主转变到宏观管理为主。

我国以往的海洋行政管理方式是政府直接开发与管理海洋。这种管理方式，其实质是计划经济的延续。国家包揽一切，从而造成国家既是"掌舵人"，又是"划桨人"。随着我国计划经济向市场经济的转变，在海洋行政管理中，也需要改变以往直接管理海洋、微观管理海洋的管理方式，从而转变为间接管理海洋、宏观管理海洋的管理方式。政府不再作海洋开发的主体，而由企业或其他社会主体进行海洋的开发，政府承担起"掌舵人"的角色。这种转变思维是新公共管理理论的主要内容之一。奥斯本早在1992年就提出政府"掌舵而非划桨"的改革思路。海洋行政管理的职能方式，转变为间接管理海洋、宏观管理海洋，有利于释放开发与保护海洋的民间资本和智慧，从而实现开发与保护的多样性。而且，政府作为"掌舵人"，可以居间调停，从而实现更好的调控。

第三，由行业管理为主到综合管理为主。

海洋行政管理分属不同的管理部门，由此衍生了诸多问题。早在20世纪30年代，美国就提出了"海洋综合管理（Integrated Marine Management）"的概念。美国的阿姆斯特朗和赖纳在《美国海洋行政管理》一书中对海洋综合管理作了如下界定：海洋综合管理是指对某一特定海洋空间内的资源、海况以及人类活动加以统筹考虑的方法。这种管理方法可以被认为是特殊区域管理的一种发展，即提出把整个海洋或其中的某一重要部分作为一个需要予以关注的"特别区域"。① 相对于分散的行业管理，海洋综合管理是战略的、宏观的，面向未来的，是基于生态的，侧重海洋环境保护的管理。因此由分散的行业管理走向综合管理，将使得海洋行政管理更能适用海洋事业发展的要求，也能更好地保护海洋。

第四，由管理控制转变到共同治理。

长期以来，受计划经济和全能型政府的影响，我国的海洋行政管理一直由政府直接控制，政府是海洋行政管理理所当然的主体。不可否认，政府在海洋行政管理中发挥着不可替代的作用，其所具有的优势使其能够产生其他非政府组织所达不到的效力。但是，政府的能力毕竟是有限的，整个国家管辖海洋需要整合利用各方力量，达到满足公共利益的共同需要。从世界发展状况看，第三部门的兴起，在维护公共利益方面发挥了积极的作用。西方学者通常把社会分为三个领域或部门：①公共领域或部门（Public Sector）；②私人领域或部门（Private Sector）；③有别于前两者或介于前两者之间的"第三域"或"第三部门"（Third Sector）。第一部门即公域，也就是政府组织。第三部门是介于政府组织和工商企业（私人部门）之间的一些部门，通常成为准公共部门，这些部门数量巨大，情况复杂，包括事业单位、社会团体和社会中介组织等。当前，第三部门已经成长为一支重要的社会力量，在对海洋环境、海洋资源保护和海洋权益维护方面发挥着越来越重要的作用。正因为如此，《联合国 21 世纪议程》中一再强调海洋行政管理中要调动各方力量，并在第 17 章第 6 条中指出："每个沿海国家都应考虑建立，或在必要时加强适当的协调机制（例如高级别规划机构），在地方一级和国家一级上从事沿海和海洋区及其资源的综合管理及可持续发展。这种机制应在适当情况下与学术部门和私人部门、非政府组织、当地社区、公众和土著人民参加。"形成国家与社会共同管理海洋的管理方式，有利于整合全社会的力量进行海洋开发与管理，

---

① ［美］J. M. 阿姆斯特朗，P. C. 赖纳. 美国海洋管理. 林宝法等译. 北京：海洋出版社，1986：168.

也使得海洋行政管理避免一些不必要的问题产生。

2.4.3　海洋行政体制改革尚需进一步优化的内容

2013 年的政府机构改革方案，对于海洋行政管理体制给予了较大幅度的调整。首先，成立了较高层次的政府协调统筹机构——海洋委员会；其次，改革了海洋执法体制，整合了中国海监、中国海警、中国渔政和海关缉私队伍，成立了新的海洋执法机构——中国海警局。在刚刚出台的国家海洋局"三定"方案规定中，也对海洋局与国土资源部、农业部、交通运输部、海关总署、环境保护部等部门之间的职责分工进行了较为详细的划分。2013 年的机构改革方案，是对我国以往海洋行政管理体制中存在问题的回应，也反映了海洋管理学界多年的研究成果和改革思路。基于中央的改革思路和方向，可以看到我国的海洋行政管理体制已经迈入了"海洋综合管理"的改革通道中，它将进一步推进我国海洋事业的发展和海洋强国建设。此次改革，适应了我国海洋事业发展对海洋行政管理体制改革的需要，理顺了我国海洋行政管理体制的一些权责关系，这预示着我国的海洋行政管理体制进入了一个新的时期。经过此次改革，以往海洋行政管理体制存在的一些问题得到有效化解。但是，此次改革还存在进一步深化的空间，以下几个方面的问题，也需要在今后海洋行政组织的优化中着重解决。

1）需进一步理顺海洋行政管理领导与协调机构之间的关系

我国海洋行政领导与协调机构分为两个部分：一是 2013 年新组建的高层次的国家海洋委员会；二是隶属于国土资源部的国家海洋局。国家海洋委员会层级较高，它的成立，意味着海洋事务可以较为迅捷地进入国家高层次的决策议程之中，同时也为相关机构之间在海洋事务上的沟通协调提供了平台。国家海洋委员会尽管层次较高，但是其机构性质是一个议事和协调机构。因此，机构决议的具体执行由海洋行政主管部门——国家海洋局负责。在体制上，我国已经建立起了集中型的海洋行政管理体制，国家海洋委员会的成立，使得这一集中型行政管理体制更能统筹海洋事务。但是我国海洋行政管理领导 – 协调机构的关系还需进一步理顺，其理顺包括以下两个方面。

（1）进一步明确国家海洋委员会的组成。国家海洋委员会作为我国最高层次的海洋事务议事和协调机构，应该直接接受党中央、国务院的领导，其委员会的最高领导由国家最高领导人兼任。由于我国的涉海行业管理部门众多，很多部门的管理职能都涉及海洋事务，因此，哪些部门领导应该是国家海洋委员会的常务会议的组成人员，是需要进一步深入思考的问题。这就需要明确我国的海洋发展战略，哪些涉海管理部门对海洋发展战略的实施具有核心作用，从而将其领导纳入国家海洋委员会的常务会议之中。

（2）进一步理顺海洋行政主管部门的权责关系。国家海洋局作为我国的海洋行政主管部门，也是海洋行政管理领导与协调机构的组成部分，其权责关系还需要进一步理顺。2013 年的国务院机构改革方案中，将国家海洋局定位为国家海洋委员会的执行机构，同时还将延续以往的惯例，将国家海洋局定位为国土资源部下属的国家局。这种权责关系，需要在今后的运行中，进一步明确三者的关系，从而避免一些管理的掣肘和权责不明。

2）需进一步理顺海洋行政主管部门与其他涉海部门的关系

2013 年的大部制改革，对高层的领导与协调机构、海洋执法队伍进行了较大幅度的变革，但是对于海洋行政主管部门以及其他涉海部门的管理职权都没有进行调整。因此，如何理顺海洋行政主管部门与其他涉海部门的关系，是海洋行政组织尚需进一步优化的内容之一。

经过 2013 年的大部制改革，我国已经建立了集中型海洋行政管理体制。但是集中型海洋行政管理体制的"集中"程度，世界各国也存在差异。我国的集中型海洋行政管理体制也没有将海洋事务全部集中到一个机构之中。其他涉海部门，尤其是海洋行业管理，是其他职能部门基于职能划分的原则，将自己的管理权限延伸到海洋。职能管理体现了分工原则，它在一定程度上更能提高管理效率、降低管理成本。因此，海洋统一管理、综合管理并非意味着否定其他涉海行业管理在海洋行政管理中的作用，集中型海洋行政管理体制，还需要正确处理好海洋行政主管部门与海洋行业管理部门之间的关系，理顺它们之间的权责划分，建立良好的沟通和协调机制，在国家海洋委员会的领导和协调之间，有效地管理海洋事务。

第3章　我国海洋社会组织管理研究

海洋社会组织是实现海洋社会管理创新与建设海洋强国的重要力量。面对国际国内环境的深刻变化和海洋资源、空间的争夺的日趋激烈，党的十八大报告明确提出建设海洋强国的目标。要建设海洋强国，不仅需要发挥政府的主导作用，还需要民间社会力量尤其是海洋社会组织的发展壮大。作为架设在政府与公众之间的桥梁纽带以及推动海洋行政管理创新的重要载体，海洋社会组织将在海洋政治、经济、文化、社会乃至环境治理等方面发挥愈加重要的作用。虽然现实对我国发展海洋社会组织提出了迫切的要求，但中国的海洋社会组织依然处于发育阶段，学界并没有提供相应的理论支持。本书拟对海洋社会组织的概念内涵、类型功能等基本理论问题进行探析，以期在理论上拓展社会组织的研究领域；在实践上，引起国家政策制定者和学界对海洋社会组织问题的重视，为我国建设海洋强国提供发展思路和政策依据。

3.1　海洋社会组织的含义及作用

改革开放以来，我国社会组织稳步发展，整体素质不断提高。2011年全国各类社会组织已发展到 46.2 万多个，① 实践证明，社会组织在推动经济发展、环境保护、社会进步以及对外交往等各方面作出了积极贡献，并成为党和政府联系人民群众的桥梁和纽带，成为推进国家现代化建设和可持续发展的一支重要力量。当前，中国正在实施海洋强国战略，作为社会组织在海洋社会的表现形式——海洋社会组织，也将在其中发挥更

---

① 徐振斌. 我国社会组织参与社会建设趋势分析. 人民日报（理论版），2012 – 10 – 08.

加重要的作用。

3.1.1　海洋社会组织的涵义

海洋社会组织概念进行准确界定成为展开相关问题的逻辑起点，那么，到底何为海洋社会组织呢？

笔者以为，首先，海洋社会组织属于社会组织的范畴。① 在国外，社会组织是指在政府和市场之外一切志愿团体、社会中介组织和民间协会的集合，与政府、市场共同构成现代社会的三大支柱。社会组织通常被称为非政府组织（社会组织）、非营利组织（NPO）、第三部门（the thirdsector）、公民社会组织（CSO）等。在中国，"社会组织"一直被颇具中国特色的词语"民间组织"所替代，② "社会组织的主体是由各级民政部门登记注册的各类社会团体、基金会和民办非企业单位这三类组织"。我国社会组织既具有西方国家非营利组织的某些特征，又具有中国特定的国情和制度赋予的特点。从这个意义上讲，海洋社会组织是独立于海洋政府组织和海洋企业组织之外的"第三类组织"，具有非营利性、非政府性和社会性三大特性。其次，海洋社会组织有别于一般意义上的社会组织，海洋社会组织关注的议题始终与海洋相关，其目的是为了促进海洋经济社会发展的，相应地，海洋社会组织当然具备了海洋组织的某些特征，如地域性、复杂性、开放性、风险性等。就地域性而言，海洋社会组织具有涉海性，沿海地区范围的认识尚未统一，特别是向陆一侧延伸到何处，但它不排除海洋社会组织的地域特征。如我国当前业已存在的海洋社会组织呈现明显的地域特点，分属于沿海不同省份；就其复杂性而论，海洋社会组织以海洋为基本的劳动对象和生存方式，以海为生的人群，面临着一个复杂的、无法完全认知的流动的整体，构成了结构和功能复杂多样的海洋生态整体。对象的复杂性，增加了海洋社会组织认知的复杂性。就开放性来

---

① "社会组织"概念有广义和狭义之分，在我国，人们一般从狭义的角度来使用"社会组织"。我国现在通称民间组织，国外则通称社会组织（非政府组织）。而学界在社会组织理解上仍混乱不清。俞可平教授认为，作为公民社会主体的社会组织，指的是有着共同利益追求的公民自愿组成的非营利性社团；王名教授指出社会组织在本质上都具有非营利性、非政府性和社会性三大属性。其定义的演变是和中国特定的制度环境分不开的。

② 2006年中共十六届六中全会通过《关于构建社会主义和谐社会若干重大问题的决定》第一次提出并系统论述了"社会组织"的概念，2007年中共十七大报告进一步重申了"社会组织"的概念。

看，海洋社会组织的开放性是由它的系统本质所决定的，涉海人群在沿海地区生活中也保持着开放特征，文化的开放特征，涉海人群的迁移也把海洋文化从一域一处传播至另一域另一处，不同地域的海洋文化之间相互感染、相互影响，以开放态度相待相容、相互借鉴。这就要求，海洋社会组织在面对海洋诸多问题时，加强国家之间、地区之间的海洋治理合作显得十分重要。最后是风险特征。海洋社会组织面临着诸多风险，包括制度风险、市场风险、资产风险和自然风险。总之，笔者认为，海洋社会组织是指围绕海洋问题，以促进海洋政治、经济、科技、文化发展为目标，为实现提高公民的海洋意识、监督国家的政策运行、保护海洋资源生态发展等宗旨，不以营利为目的，具有志愿性和自治性的社会组织。

3.1.2　海洋社会组织的类型划分

海洋社会组织属于社会组织的范畴，因此，要明晰海洋社会组织的类型，还需要从社会组织的分类进行分析。首先，官方分类。我国民政部所采用的正式官方分类，是将民间非政府组织分为社会团体和民办非企业单位，前者进一步分为基金会、学术性社团、专业性社团、行业性社团、联合性社团等；后者进一步分为教育类、卫生类、科技类、文化类、体育类、社会福利类等，按照登记管理机关的级别区分为全国性组织和地方性组织。其次，从学界来看，"虽然社会组织与政府和私人部门之间的差别要远大于社会组织之间的不同，但包罗万象的社会组织的内部差异也不可忽视。因此，对社会组织进行类型学研究也就成为必然。"[1] 学者们从不同的角度对社会组织进行分类，如按组织的形成过程、主要领导的身份和产生及经费来源四个指标，把中国社会组织分为官办型、半官半民型和民办型三类；根据其起源分为自上而下型、自下而上型和外部输入型三类；根据是否有会员将其分为会员制组织和非会员制组织两大类；根据是否体现公益性分为互益型和公益型组织。此外，一些学者根据组织成员分布的状况，将其分为地方性、全国性和跨国性；或按照社会组织的行动特征将其划分为既有明确的目标设定，又采取积极干预的行动策略的组织与只有行动取向设定、采取温和的广告宣传行动的组织。由于目前中国的社会组

---

① 唐兴霖，周幼平．中国非政府组织研究：一个文献综述．学习论坛，2010（1）：49－53.

织发展还处于起步阶段，自身定位不清、组织能力差、公益性不强等原因，对社会组织做细致、专业的划分还比较困难。但已有的分类标准有其一定的合理性，因此，笔者试图借助社会组织的划分标准来对海洋社会组织类型进行深入探讨。

（1）根据组织的形成过程或产生动力看，可分为自上而下的政府主导型海洋社会组织和自下而上的社会主导型海洋社会组织，前者如近年来由政府推动成立的以沿海省市为主体、承担着海洋环境保护以及海洋科教事业的海洋社会组织，如2012年成立的广东海洋协会、2011年成立的日照市海洋保护协会；后者则出于公民自发成立的如海南蓝丝带等海洋环保组织、珠海海洋资源保护开发协会等社会组织。

（2）根据关注领域和功能，可分为海洋渔业经济型社会组织、海洋环保型社会组织、海洋权益维护型社会组织、海洋教育科研型社会组织四类。海洋渔业经济型社会组织具体指业已存在的海洋渔业协作组织、渔会等；海洋环保型社会组织主要指以保护海洋环境、宣传海洋环境意识为目的的社会组织，如大海公社、深圳市蓝色海洋环境保护协会等；海洋权益维护型组织，如世界保钓组织；海洋教育科研型社会组织指的是以推动海洋科研教育为目的的海洋社会组织，如各类涉海类的学术团体等。以上各类组织在某些功能上是互有交叉的，如部分海洋渔业协作组织在促进海洋开发过程中，就倡导海洋环境保护以及海洋权益维护，如中日钓鱼岛之争时，由相关渔业组织组织渔民赴争议岛屿进行捕鱼和宣誓主权活动等。

（3）按照其服务对象或体现公益性，可以分为互益型海洋社会组织和公益型海洋社会组织，海洋渔业协作组织就属于典型的互益型组织；而以环保或维护海洋权益为主要目的的海洋社会组织则属于公益型组织。最后根据其活动范围，可以分为跨国性、全国性与地方性海洋社会组织。世界海洋保护组织是全球最大的海洋保护组织①，而我国目前的海洋社会组

---

① 该组织的目标是通过保护全世界的海洋，创造更美好的地球。该组织努力寻求恢复海洋丰富、健康的原貌，重建海洋生态系统，为人类未来的可持续发展、休闲娱乐、工作就业等提供强有力的保障。其在北美洲、欧洲、南美洲等地均设有分支机构，在全球150多个国家拥有的会员和志愿者数量超过30万。该组织还拥有一支由海洋科学家、经济学家、律师和世界各地倡议者等组成的专业队伍。

织大多数是地方性社会组织。

3.1.3　海洋社会组织在海洋强国建设中的地位与作用

海洋强国是指海上经济力量和武装力量的总和，是在开发海洋、利用海洋、保护海洋、管控海洋方面拥有强大综合实力的国家。① 党的"十八大"报告把建设海洋强国作为国家发展战略，明确提出要"提高海洋资源开发能力，发展海洋经济，保护海洋生态环境，坚决维护国家海洋权益，建设海洋强国。"这是全体炎黄子孙的时代诉求，是中国历史的必然进程。建设海洋强国，仅仅依靠政府组织是远远不够的，还需要广泛的社会力量参与进来，尤其是要发挥海洋社会组织的作用。

近年来，国际社会和沿海发达国家一直倡导发挥海洋社会组织在海洋开发与保护中的作用。联合国《21世纪议程》第17章第6条明确要求："每个沿海国家都应考虑建立，或在必要时加强适当的协调机制，在地方一级和国家一级上从事沿海和海洋区及其资源的综合管理及可持续发展。这种机制应在适当情况下有学术部门和私人部门、非政府组织、当地社区、公众和土著人民参加。"世界海洋和平大会推荐的海洋综合管理"浮地模式"则强调了政府、社团、企业的协作与竞争；② 世界海洋保护组织（OPC）在推动部分国家海洋立法、重建海洋生态系统的成效十分明显。在一些沿海发达国家，海洋社会组织在海洋经济发展、海洋环境治理等方面正在发挥着重要的作用。例如在日本，柴田好范指出政府与海洋社会组织的合作，在应对海洋环境突发事件中取得良好效果；弥荣睦子认为海洋社会组织的发展十分契合日本的海洋立国战略，许多渔业管理计划，都是由政府授予渔民组织或行业协会，由它们负责组织实施；其中，渔业协同组合是日本特有的维护渔业发展、渔民权益的海洋民间组织，具有部分渔政管理职能，并协助政府开展渔业管理和实现渔业可持续发展。新近的研究表明，日本海洋行政管理中的官民互动特质，还突出体现在海洋国际政治领域。在中日、中韩岛争中，日本渔协与政府共同发挥了"各得其所"的整体性效果。罗志刚认为世界各国建立综合化海洋行政管理体制的宗旨

---

① 殷克东，张天宇，张燕歌. 我国海洋强国战略的现实与思考. 海洋信息，2010（2）.

② 卫竞. 我国海洋管理现状与改革路经研究［硕士学位论文］. 复旦大学，2008.

就在于，综合整个政府体系乃至非政府体系的资源和优势，真正从全局的战略高度来经营、管理海洋。它有助于促进跨部门、跨地区（以至跨国界）的海洋治理合作，是政府海洋行政管理迈向现代化的一项基础性工作。① 因此，海洋社会组织还具有"第二轨道"外交的功能，它对于对话解决海洋议题具有明显效果，等。

但是，就我国海洋开发活动来看，长期以来，"民间力量在构建中国海洋战略中存在缺位，即长期以来在海洋战略中没有受到重视，并且受到限制"。② 在海洋行政管理方面，当代海洋行政管理存在过分强调海洋行政管理的国家行政主体性，忽视了国家与民间或民间组织层次海洋行政管理活动的互动。③ 当代民间海洋组织的发展与海洋开发、管理的实践并未协调一致，民间海洋组织数量较少、影响有限、话语权不够等，都严重制约着海洋经济社会的发展。因此，我们必须充分认识到海洋社会组织在建设海洋强国中的重要地位和作用，并逐步培育与壮大海洋社会组织，推动海洋社会经济的可持续发展。

1）提高海洋渔业组织化程度，推动海洋经济发展

海洋渔业社会组织是推动海洋经济可持续发展的重要载体，是实现渔业有效管理的重要组织形式。在日本，渔业协同组合是日本特有的维护渔业发展、渔民权益的海洋社会组织。从明治时期起就已经在保护渔业稳定、促进渔村发展和维护渔民权益方面起着不可替代的社会功能，是举足轻重的利益集团。许多渔业管理计划，都是由政府授予渔民组织或行业协会，由它们负责组织实施，由于组织成员共同拥有渔业资源的所有权，实践中这种管理形式呈现了许多个人可转让配额制度（ITQ 制度）在渔业管理中的效果。在塞内加尔和印度，许多现代渔民组织或行业协会已经建立，在渔业管理中起着越来越重要的作用。实践表明，各种渔民组织或渔业行业协会是一种有效的渔业管理手段，也是控制捕捞强度增长的一种有效工具，非常适合于内海和近海的渔业管理。在我国，海洋渔业组织已有数百年的历史，从早期的渔帮、渔团、渔民公所，到民国时期的渔会，到

① 罗自刚. 海洋公共管理中的政府行为：一种国际化视野. 战略与决策，2012（7）：1 – 17.
② 刘利华. 全球化视野下的中国海洋战略构建［硕士学位论文］. 辽宁大学，2010.
③ 李文睿. 当代海洋管理与中国海洋管理史研究. 中国社会经济史研究，2007（4）：91 – 96.

新中国成立后的渔民协会、渔民专业合作经济组织等，一直是推动海洋渔业发展的重要力量。尤其改革开放以来，海洋渔业组织在提高渔业生产经营的组织化程度、增强市场竞争能力、维护组织成员利益发挥着更为重要的作用。杨立敏、潘克厚认为海洋渔业资源具有公共产品的非排他性、资源的流动性和边界模糊性等特点，建立渔民—渔民合作组织—政府的三方博弈，充分发挥渔民合作组织的桥梁纽带作用，使其成为我国渔业可持续发展的重要载体。① 王莉莉、任淑华指出海洋渔业专业合作经济组织应运而生，并显示出了强大的生命力。中国许多地方渔村治理绩效低下、公共物品供应不足，在很大程度上是由于缺乏由渔民广泛参与的能够自主治理的民间自治组织，提高广大渔村的治理绩效，摆脱集体行动的困境，解决公共物品供应不足和无效的问题，就需要借助于像行业协会这样的民间自治组织。② 因此，要建设海洋强国，就必须发展海洋经济，就需要不断提升海洋渔业的组织化程度，加强对海洋渔业社会组织培育。

2）培养国民海洋环境意识，促进海洋环境治理

保护海洋环境与海洋生态系统，已成为摆在国际社会面前的重要任务，也成为建设海洋强国的重要内容。从理论上讲，海洋环境问题是公共问题，现代海洋行政管理活动的一个趋势是多元化，意味着更多的非政府组织、公众参与到海洋行政管理中来，因此，我国政府应该大力扶持海洋社会组织的发展，以减轻海洋行政管理尤其海洋生态环境治理的压力，从而促进海洋社会的现代转型和海洋环境保护。事实上，调动社会组织的积极性，让它们在保护海洋环境与生态系统方面发挥积极作用，在国外已被证明是切实可行的有效措施。一些国家已联手成立了"国际海洋保护协会"，成员包括澳大利亚、塞浦路斯、希腊、土耳其、乌拉圭、乌克兰和北美地区等国家和地区的海洋环境保护协会，其规模仍在不断发展。在日本，20世纪六七十年代，濑户内海由于严重的污染造成海洋资源枯竭，损失严重。为了解决这些问题，日本政府从环境污染治理入手，加强立法

---

① 杨立敏，潘克厚．渔民合作组织：渔业经济可持续发展的重要载体．中国渔业经济，2005（1）：31－33．

② 王莉莉，任淑华．海洋渔业专业合作经济组织的现状与发展趋势——以浙江省舟山市为例．中国水产，2012（3）：33－36．

强化区域性海洋行政管理，成立了由渔业联合会、卫生自治团体、府县市联合会、各类民间团体组成的公益法人组织——濑户内海环境保护协会等对濑户内海实行区域治理，由于措施得当，治理取得了良好的效果。在我国，作为全国首家以海洋环保为主题的民间公益社会团体的蓝丝带协会，正在成为社会公众开展海洋环境保护的代名词，并在推广海洋保护理念、提升公众海洋意识和普及海洋科学与保护知识等方面产生了积极影响。还有学者指出，在海洋环境应急管理中，海洋社会组织能够更广泛地发动社会力量，集中专业人士参与调查研究，提供可靠的参考数据，提出有效的应急建议，在监督政府行为、宣传教育和信息沟通等方面起着重要作用。①

3.2 政府与海洋社会组织合作中的角色定位与合作领域

政府与海洋社会组织在海洋事业发展、海洋强国建设中具有广泛的合作领域，各自扮演不可替代的角色，同时双方的合作对于实现我国海洋强国具有独特的作用。因此，构建二者合作关系必要且必须。海洋强国体现了我国的综合海洋实力，包括海洋硬实力和海洋软实力。通常情况下，人们更多地关注海洋硬实力的建设，如海洋经济、海洋军事等，在一定程度上，对海洋软实力关注得不够，从而影响到我国海洋强国建设的路径选择。海洋社会组织在海洋软实力建设中发挥着不可替代的作用，因此，本书在阐述政府与海洋社会组织在海洋强国建设的合作关系时，侧重于从提升海洋软实力的视角出发，以求为我国海洋强国建设寻找新的发展思路和理论支撑。

3.2.1 海洋社会组织在我国海洋强国建设的角色定位

1）政府在我国海洋强国建设中的角色：基于海洋软实力的视角

自从 20 世纪 30 年代西方资本主义世界的经济危机开始，政府的职能就是各领域争论最激烈的，大政府、小政府的更替也是政府职能变化的反

---

① 宋宁而，王琪. 从国外浒苔治理经验看海洋环境应急管理中社会组织的重要性. 海洋开发与管理，2010（9），33-40.

映，但是无论政府职能是扩充还是缩小，至少有一项职能是一直存在的，这也是国家存在的价值之一，即维护国家主权。国家（政府）是实现国家利益的主体，因此，政府在我国海洋强国建设中起绝对主导作用。从海洋软实力提升的视角出发，政府在我国海洋强国建设中的角色主要有如下几个。

（1）海洋文化教育的引领者。文化是非常宽泛的，一般包括物质财富和精神财富，而海洋文化是指"和海洋有关的文化，就是缘于海洋而生成的文化，也即人类对海洋本身的认识、利用和因有海洋而创造出的精神的、行为的、社会的和物质的文明生活内涵。海洋文化的本质就是人类与海洋的互动关系及其产物"①。根据定义，海洋文化可以理解为海洋民俗生活、航海文化、海港与港市文化、海洋风情与海洋旅游、海洋信仰、海洋文学艺术、海洋科学探索、国民海洋意识等。其中，最为重要对我国海洋软实力提升影响最为深远的当属精神层面的海洋意识，包括海洋对人类生活的重要性的意识、可持续发展意识、保护海洋环境意识、国家安全意识。

政府职能从作用领域上可以划分为：政治功能、经济功能、文化功能、科技教育功能、社会功能等，其中科技教育功能主要是依靠教育机构如学校来实现。学校在国家社会、社区、教师、学生等各个层面有不同的功能要求，对于国家而言，学校主要承担着强化学生对国家的认同、推动经济发展、传承各种文化、选拔人才等功能。虽然弘扬海洋文化需要全社会共同努力，但是在当前我国国民海洋意识淡薄的情况下，政府以其自身的权威性当仁不让应该成为弘扬海洋文化的主力军，弘扬我国内涵丰富的海洋文化，全面普及国民海洋知识，增强国民海洋意识，探求提升我国海洋软实力的重要路径。通过教育机构从小就培养国民知海、爱海、亲海的情怀，教育其要保护海洋，合理开发、利用海洋。如2011年青岛市在全国率先在中小学全面普及海洋教育，市政府统一采购《海洋教育教材》，在中小学开设海洋教育课程，有望到2015年建成100所左右蓝色海洋教育特色学校，另外还通过丰富多彩的课外活动如观看海洋纪录片、举办

---

① 曲金良．海洋文化概论．青岛：青岛海洋大学出版社，1999：7.

"我心目中的海洋"主题绘画活动、"我眼中的蓝色海洋"摄影大赛等，丰富了孩子们的海洋知识，培养了热爱海洋的情怀。从这一系列举措中，不难看出，政府发挥了主导作用，目前面临国民海洋意识不强，保护、合理开发、利用海洋不够的境况，切实发挥政府的作用将会产生事半功倍的效果。

（2）海洋发展道路的设计者。在和平与发展的时代主题下，我国坚定不移地走和平崛起之路，我国的发展不会威胁到周边国家的发展，也不会挑战地区安全，更不会追求世界霸权。提升海洋实力的目的是维护本国的海洋权益，实现国家利益。走和平崛起的海洋发展道路，不会出现武装逼迫、经济封锁等霸权主义行为，该道路更符合时代的潮流，更容易获得别国的理解、认同、支持与合作，这也是我国海洋软实力的体现。

（3）海洋政策的制定者。与负责任大国相匹配的海洋政策是我国海洋软实力的来源之一。我国是世界上最大的发展中国家，在处理国际事务时理应承担起与其地位相当的责任，因此制定的海洋政策在维护本国利益的同时不能与全人类利益相悖，这样，在面对国际争端时，才能够取得别国的理解、认同、支持与合作，对别国产生吸引力，赢得别国心悦诚服的顺从与追随而不是依靠强制力逼迫别国。这有利于在国际上塑造良好国家形象，我国对国际规则及政治议题的创设力也会大大加强，在处理国际海洋事务时就会获得更多的话语权，达到事半功倍的效果。

从整体性的国家海洋战略到本国的海洋环境政策、海洋经济政策、海洋资源政策等都属于公共政策，作为公共机构的政府才有权力制定，任何个人或少数人组成的团体无法担负责任。目前，在我国海洋软实力提升中，政府作为海洋政策的制定者任务艰巨，既要有利于本国的发展，也不能忽视全人类的利益，这就涉及政策的价值选择。伊斯顿曾经这样理解政策，即政策是对社会价值的权威性分配，牵涉社会价值分配的问题才有可能上升为公共问题，进而进入政策议程，成为政策问题。在现代国家产生以前，没有一个统一的政府能够担负对社会价值进行分配的职责，而国家产生之后，中央政府拥有高度集中的权力，通过制定公共政策担负起分配社会价值的职责。因此，政府制定一系列海洋政策是海洋软实力提升中不可或缺的，政府作为政策制定者的角色无法替代。

2）海洋社会组织在我国海洋软实力提升中的角色

一国海洋软实力来源于政治、经济、文化、外交、科技等各种资源，是对所有资源进行柔性运用即非强制的方式运用的过程。为了让海洋软实力研究更有针对性，可以将各种资源分为表层实力资源、中层实力资源、深层实力资源。表层实力资源是指与海洋相关、以物化形式存在的，是人们对某国海洋软实力的最直接的认识，包括海洋教育科研机构、海洋文化娱乐场所、海洋社会组织等；中层实力资源主要指海洋制度与海洋系列政策；深层实力资源则包括国民海洋意识、海洋价值观等，通过意识形态以及价值观影响人们的行为，从而提升一国海洋软实力。深层实力资源是海洋软实力的最核心资源，中层实力资源是海洋软实力发挥作用的重要资源，而表层实力资源则是海洋软实力发挥作用最基础的资源。海洋社会组织作为表层实力资源之一，是海洋软实力发挥作用的重要途径之一，要充分发挥其在我国海洋软实力提升中的作用。

（1）海洋文化的宣传者。政府作为海洋文化教育的引领者，对海洋软实力的提升发挥着主导作用，但是，海洋社会组织承担着海洋文化的宣传者角色，其潜力还有待于进一步挖掘，让其成为政府强有力的补充力量。有很多海洋社会组织的宗旨是保护海洋，此类组织通过丰富多彩的活动向公众宣传海洋环保知识。如大海环保公社经常举办签名活动，倡议公众保护海洋，通过发布《我国沿海城市海洋清洁排行榜》《我国海岛清洁排行榜》等增强沿海地区海洋环保意识，激发沿海富裕人群的海洋环保责任和义务，引导其对海洋保护的责任感和荣誉感。中国海洋学会作为官办的海洋社会组织，其业务范围涉及海洋科技交流、承担海洋项目评估、举办科普展览、技术培训、夏令营、制作海洋科普制品、主办系列学术期刊等。该组织建立20年来，是宣传海洋文化的主阵地，通过多样化的形式增进公众对海洋的了解，通过民间、国际间的海洋科学技术交流，让更多人懂得合理开发、利用海洋，让可持续发展的理念更加深入人心，在实践中践行天人合一的海洋文化，提升我国的海洋软实力。

（2）海洋政策制定的参与者、执行的监督者。作为公共政策的海洋政策，其制定主体是政府，但是为了保证政策的科学性和合理性，广泛的公民参与也必不可少，而海洋社会组织正是广泛吸纳公民建议的重要渠道。如中国海洋学会经常组织海洋科技工作者参与国家海洋政策、海洋发展战略、海洋发展规划和海洋法规的制定并提供决策咨询。中国海洋法学会向国家有关主管部门提供有关制定和完善我国海洋法律制度的立法咨询意见和建议，开展海洋法问题的学术研究和学术交流活动，维护我国海洋权益，促进我国海洋事业的发展。海洋社会组织在担任海洋政策完善者的角色中，具有一定的优势：①很多民间海洋社会组织发动志愿者搜集了很多基础性的第一手材料，为政府制定海洋政策提供了切实依据；②海洋社会组织汇集了很多海洋领域的专家、学者，相对政府部门工作人员，他们具备丰富的专业知识，政府在制定海洋政策时通过咨询专家学者意见，依靠其专业性能够提高海洋政策的科学、合理性。当海洋政策制定之后，后续的执行也不容忽视，执行的效果往往成为衡量某项政策好坏的重要标准。在海洋政策执行过程中，海洋社会组织作为公民参与的主体之一，将监督政策的执行过程、执行效果。

（3）海洋权益的维护者。海洋软实力提升的最终目的是实现和维护我国的海洋权益，面对严峻的海上安全局势，有时候政府不方便直接出面处理问题，这时候就可以依靠海洋社会组织的力量，向国际社会传达合理诉求，引起世界各国的关注。一些学术团体组织国际海洋交流，为合理表达利益诉求搭建了一个国际平台，有利于将国内大众主流思想传达给国际社会，赢得国际社会支持。虽然我国海洋社会组织始终以维护国家海洋权益为宗旨，但是本身实力的弱小会削弱其影响力，目前最重要的是不断壮大自己，早日成为具有国际影响力的海洋社会组织，可以说，海洋社会组织国际影响力的不断加深的过程就是我国海洋软实力不断提升的过程。

政府的主导作用不可动摇，但是其力量毕竟有限，而我国海洋社会组织目前虽然力量不够强，影响力比较弱，但是其在宣传海洋文化、普及海洋知识、组织保护海洋环境、增强国民海洋意识、宣示国家主权等方面都发挥着不可替代的独特作用。通过分析海洋社会组织与政府在我国海洋软实力提升中各自扮演的角色，可以发现单纯依靠某一方的力量是不够的，要充分发挥二者作用，实现"1+1>2"的效应，就需要在二者之间建立合作。

3.2.2　政府与海洋社会组织的合作领域

1）海洋文化传播

在海洋文化传播领域，政府可以提供资金，而海洋社会组织可以提供服务，可将二者的长处相结合。宣传海洋文化，增强国民海洋意识的途径有很多，如通过学校等教育机构开展海洋教育，也可以组织丰富多彩的活动吸引公众参与等，该领域任务重，需要覆盖范围尽量广，如果单纯依靠政府的力量难免会有遗漏之处。海洋社会组织招募了大量的志愿者，可以利用政府提供的资金，举办海洋知识讲座、影片展播等形式多样的活动，并逐步提高活动的影响力和扩大活动的覆盖范围。政府提供资金支持，海洋社会组织负责其他服务，这种模式可以大大提高效率，也能取得较好的效果，此模式类似于政府向海洋社会组织购买服务，这也是合作模式之一。

2）海洋环境保护

环境问题已经日益引起人们的关注，而对于海洋的保护还远远不够。近年来海洋环境日益恶化，滩涂破坏严重、海洋生物逐渐减少、海水富营养化严重等，合理开发、利用海洋，实现人海和谐是天人合一海洋文化的核心，这样看来，天人合一的海洋文化具有普适性，符合全人类的利益，如果我国高度重视海洋环境的保护，为其他各国树立榜样，那么无形之中就会塑造良好国际形象，赢得别国的认同和支持，这就是海洋软实力提升的表现。政府是海洋环境保护的管理主体，随着公民环保意识的增强，越来越多的公民参与海洋环境的保护，涌现出很多致力于海洋环境保护的海洋社会组织，如蓝丝带海洋保护协会、大海环保公社等。此类海洋社会组织不仅仅独立组织各种环保宣传活动，而且也经常与政府合作，通过实地考察、调研活动等提供服务，引起了较大的关注。如蓝丝带海洋保护协会在 2009 年 12 月 26 日至 2010 年 3 月 7 日开展三亚海岸线徒步环保调查活动，对三亚整个海湾现状进行分类分析，撰写的《三亚海岸线环保调查报告》以及绘制的《三亚海岸线环保地图》为今后海洋环境和生态研究提供科学依据，且调查报告已被三亚市人民政府采纳。香港海洋环境保护协会曾多次受政府部门邀请进行实地调查活动，如 1996 年前往广西海域调查儒艮（学名 Dugong，别名人鱼，国家一级濒危珍稀海生动物，我国北部湾沿海一带是它的重要栖息地之一，20 世纪 80 年代曾遭大量捕杀）的生活状况，1998 年考察广西沿海水域的珊瑚礁以决定哪些岛屿应该向游客关闭等，为政府部门提供了第一手资料。海洋社会组织汇集了很多海洋方面的专家、学者，专业性较强，政府应该重视并继续加强与海洋社会组织在海洋环保领域的合作。

3）海洋科研教育

科技是第一生产力，任何时候都不能忽视科技力量，对于我国海洋事业而言，要实现合理用海，海洋科技的发展具有重要意义。政府与海洋社会组织在海洋科研教育领域的合作主要体现在：①政府加大资金投入来增加对海洋科技发展的支持，为海洋社会组织发展提供资金支持。②综合国力的竞争归根结底是人才的竞争，因此海洋人才培养也是重中之重。海洋社会组织为国际间海洋人才的交流搭建平台，一方面有利于海洋人才的培养，另一方面也扩大了我国海洋社会组织的国际影响力。中国海洋工程咨询协会、中国海洋学会经常开展海洋科技交流活动，发挥学术交流在知识创新、传播、扩散、转移、应用中的作用，促进科学繁荣和技术进步，同时也大力实施科技创新，促进海洋高新技术发展等。同时，政府对海洋类高校的支持力度也在逐年增大，重视海洋人才的培养。海洋事务的处理越来越需要专业知识，政府要充分利用海洋社会组织尤其是学术型海洋社会组织在海洋科技领域的优势，通过培训、交流等形式提高政府人员处理海洋事务的能力。

4）海洋权益维护

政府一直以来都是海洋权益维护的主体，但是随着世界局势的愈加复杂，有很多时候不方便以政府名义应对国际问题，否则不仅无法使问题得到妥善处理，而且很有可能造成国际社会的误解，更加不利于海洋权益的维护。社会组织具有独立性，其观点更加客观，在国际社会看来很多时候社会组织比该国政府更加中立，因此其观点更容易获得国际认同与支持。如果政府通过扶持海洋社会组织的发展壮大，借助海洋社会组织表达利益诉求，那么海洋权益维护将更加有成效，而政府的指导与支持也会增强海洋社会组织的实力，扩大其影响力，二者是共荣的。

3.3　政府与海洋社会组织合作关系的表现形态

任何事物的发展都有一定的规律，海洋社会组织也不例外，它的发展要经历萌芽、成长、成熟、自治四个阶段，每一个阶段有其特殊性，所以与政府之间的关系也要经历不同的阶段，每一个阶段二者的关系具有不同的特点。目前学界对于政府与社会组织的关系有较多的研究，但是有关海洋社会组织的针对性研究较少，所以本书对二者关系进行了应然状态的描述。

3.3.1　政府对海洋社会组织的培育与支持

海洋越来越成为世界各国利益争夺的聚集地，各国纷纷向海洋进军，海洋资源、海洋环境、海洋权益也逐渐成为国际上出现的高频词汇，而海洋社会组织正是在这样的背景下产生并发展的。可以说，海洋社会组织相对于国内其他非政府组织有特殊的使命，即提升我国海洋软实力，实现国家海洋权益，与国家海洋强国战略是紧密相连的，其应该成为政府的得力助手。因此，相比其他社会组织，海洋社会组织在萌芽阶段更需要政府的大力扶持与培育。①在某些领域如海洋环境保护、海洋科研教育、海洋权益维护等，如果借助海洋社会组织的力量，海洋软实力能够更好地提升，那么政府就可以主动帮助公众成立相应的非政府组织，这样可以保证所成立的社会组织更加具有现实性和针对性。虽然，政府是出于公共利益的目的帮助成立某些海洋社会组织，但是在后期发展中难免会存在利益矛盾，这就要求海洋社会组织要保持一定的独立性，要时刻以公共利益为出发点。②我国对社会组织一直以来实行双重管理体制，即由登记管理机关（民政部门）和业务主管单位分别行使监督管理职能，近年来放开登记的呼声高涨，广州市先行一步，于2012年5月1日开始对社会组织进行直接登记，也就是除了4类明确要先进行行政审批的情况，社会组织无须找到业务主管部门挂靠，可以直接向民政部门登记。而2013年两会期间，中央已经明确指出，"除政治法律类、宗教类等社会组织以及境外非政府组织在华代表机构外，成立行业协会商会类、科技类、公益慈善类、城乡社区服务类社会组织，可直接向民政部门依法申请登记，不再需要业务主管单位审查同意"，这体现了中央适应社会发展，鼓励社会组织参与社会管理。海洋社会组织与国家海洋战略紧密相连，其发展关系到整个国家海洋实力的增强以及海洋权益的维护，如果对其控制过死过严，会打击公众亲海、爱海、知海的积极性，影响海洋社会组织的发展。当然，在放松登记的同时，需要建立配套制度一方面为社会组织服务，另一方面也要加强对其监督管理。③海洋社会组织虽然汇集了海洋领域的很多专家、学者，相对政府而言具有较强的专业性，但是一个组织要想有长远的发展，不仅仅需要专家、学者，更需要一位优秀的领导者。一个组织建立之后，接下来面临的就是选才、收集信息、确立目标、制订计划并实施、监督并完善，其实就是决策—执行—再决策—再执行的循环往复的过程，作为领导者最重要的职责就是决策及用人，是否拥有一位优秀的领导者关乎组织目标的实现。政府对海洋社会组织的培育体现在为海洋社会组织挑选并培养领导者，这样才有可能让海洋社会组织不断发展壮大，成长为有影响力的社会组织。

3.3.2 政府对海洋社会组织的引导

美国学者保罗·斯特里滕曾经在探讨政府与社会组织间合作时认为二者合作基于几点：社会组织计划与政府宏观经济政策有联系；社会组织与政府经常互相提供计划；政府提供财政支持；社会组织有时会被政府接管或将其扩展；社会组织可以对政策制定者施加影响。海洋社会组织与我国的海洋战略相联系，在其成长阶段，政府要引导其发展，保证其发展方向的正确性，让海洋社会组织少走弯路，尽快发展壮大，为维护海洋权益贡献力量，提升我国海洋软实力。政府对海洋社会组织的引导主要是政策引导和资源引导：①政策引导。我国目前还没有出台海洋发展战略，在加紧制定实施海洋发展战略的同时，政府要将海洋社会组织的发展纳入国家整体战略之中，帮助海洋社会组织制订发展计划，引导其发展，使其业务范围紧紧围绕当前增强我国海洋实力所欠缺的资源，如国民海洋意识的增强、海洋经济发展、海洋权益维护等。②资源引导。在明确表达政府意图和目标的前提下以政府购买的形式为海洋社会组织提供资金。

3.3.3　政府与海洋社会组织的互相监督

政府与市场一样，并不是万能的，政府作为拥有公共权力、代表公共利益的权威机构，一旦出现政府失灵，很可能失去应有的公平和正义，导致比市场失灵更加严重的后果。社会组织虽然是挽救政府失灵和市场失灵的希望，但是也会出现志愿失灵，即社会组织无法靠自身力量推进公益事业。①海洋社会组织应该致力于保护、合理利用、开发海洋以及实现和维护国家海洋权益，其立场应该是与国家一致的，其一切行为都应该围绕其宗旨，但是难免有的海洋社会组织会以其第三方、中立的身份发表不利于我国的言论，影响国家良好形象的塑造，这就需要政府对其监督管理，以免造成不利后果。②海洋社会组织对政府的监督表现在：在提升海洋软实力的过程中，政府是否切实履行职能，是否寻租，是否体现出应有的公平和正义。

3.3.4　政府与海洋社会组织结成伙伴关系

萨拉蒙依据服务的资金来源和服务的提供两个变量，认为政府与社会组织之间存在四种模式，即政府支配、第三部门支配、双重模式、合作模式。合作模式是指政府与社会组织共同筹集资金、共同提供服务，在实践中更多的是政府负责资金筹措，社会组织负责提供公共服务。合作模式又主要有两种形式：一是"合作卖者模式"，社会组织只是政府的项目代理人，在公共服务提供中自主权较少；二是"合作伙伴关系模式"，社会组织在公共服务提供中拥有大量的自治权和决策权。政府与海洋社会组织作为提升我国海洋软实力的主体，二者都承担着不同的角色，彼此不是替代的关系，而是互补的关系，所以说，在政府与海洋社会组织之间建立合作伙伴关系是最理想的。在海洋环境保护领域、海洋科研教育领域、海洋文化传播领域以及海洋权益维护领域发挥各自优势，互补不足，充分合作，实现我国海洋软实力的提升。

3.4　政府与海洋社会组织合作关系的构建

政府与海洋社会组织作为提升我国海洋软实力的主体，双方对于我国海洋软实力的提升都有不可替代的作用，均扮演着重要角色，同时在海洋环境保护、海洋科研教育以及海洋权益维护领域均有合作的空间。在明确合作必要性之后，需要构建二者的合作关系。

3.4.1 政府与海洋社会组织合作关系的构建原则

1）前瞻性

实现政府与海洋社会组织的合作目的是要提升海洋软实力，进而实现国家利益，因此，实现国家利益是合作的最终目的，在构建二者合作关系时在合作前、合作中、合作后均要保证从国家利益出发。

2）平衡性

由于历史和现实的原因导致目前海洋软实力提升中，政府与海洋社会组织地位不平等，政府处于主导地位，并且过于强势，而海洋社会组织则弱小很多。虽然政府在支持、鼓励海洋社会组织发展的阶段中，起主导作用，但是当海洋社会组织发展到成熟阶段时，需要平衡二者的关系，无论哪一个过于强势都不利于合作关系的构建，影响海洋软实力的提升。若政府过于强势，海洋社会组织的独立性不强，难免会有官方的影响，那么海洋社会组织在国际上表达利益诉求时很可能引起国际社会的误解，不利于国家海洋权益的维护。若海洋社会组织过于强势，就很可能不理会政府及其他社会成员的监督，如果利益倾向出现偏差，则很可能最终有悖于国家利益，维护国家海洋权益则无从谈起。

3）针对性

本书研究的海洋社会组织属于狭义海洋社会组织中的一部分，此类海洋社会组织与其他社会组织相比，存在以下特点：数量少。笔者搜集了大量资料，梳理我国海洋社会组织的基本情况，目前能够查到的海洋社会组织大致有三大类，大概有 10 余个。这相对于环保类、慈善类等其他类别庞大的数目而言，数量是极其少的，发展程度不高。我国大部分的海洋社会组织是自下而上建立的民间组织，组织制度不够规范，经费不足，人员素质较低等，这些都导致其发展程度较低，影响力弱。我国的海洋社会组织目前主要是针对国内海洋环保、国民海洋意识培养等，影响范围小；保钓团体致力于宣示国家主权，但是其声音并没有引起世界其他国家的过多关注，距离世界性的社会组织还有很大的距离。针对目前海洋社会组织数量少、发展程度不高、影响力弱的发展现状，在构建政府与海洋社会组织之间合作关系时就需要结合海洋社会组织自身的特点，有针对性地提出建议，保证合作的有效性。

4）互补性

政府与海洋社会组织作为我国海洋软实力提升的主体，优势互补，不可替代，但是目前二者的合作主要是以政府购买海洋社会组织的服务的形式实现，合作领域也主要集中于海洋环境保护领域，对于国民海洋教育、海洋权益维护等领域展开合作较少，而如果要切实实现海洋软实力提升的战略价值，亟需拓展二者之间合作的广度和深度。在广度上，要积极开展各个领域的合作，包括海洋环境保护、海洋科研教育、海洋权益维护等；在深度上，一方面要丰富合作形式，另一方面政府与海洋社会组织的合作要渗透到海洋社会组织发展的各个阶段。

5）互利合作原则

政府与海洋社会组织的合作要坚持互惠互利的原则，尽量避免以牺牲一方利益换取另一方获利。在海洋强国建设中，政府与海洋社会组织之所以选择合作，是因为二者具有共同的目标以及通过合作二者都能够取得利益。政府与海洋社会组织在海洋强国建设过程中，通过保护、合理利用、开发海洋，实现和维护国家海洋权益是二者共同的目标，正是这一终极目标推动着二者之间的合作。另外，通过在某些领域如海洋文化宣传、维护海洋权益等引入合作，海洋社会组织可以分担政府职责，释放政府力量到更需要政府权威的领域中去，如加强政治统治、维护社会稳定等，有利于政府执政能力的提升；而海洋社会组织通过与政府合作，成为我国海洋强国建设的主体之一，有利于其成长为具有国际影响力的海洋社会组织。

二者的合作要秉承平等原则。在我国海洋强国建设中，尽管政府与海洋社会组织在作用方式、作用重点等方面存在差异，但是在保护、合理利用、开发海洋以及维护和实现国家海洋权益中二者应该是平等协作的关系，如果二者地位不平等，就无法实现资源最大限度、最有效的整合。我国海洋强国建设的主体没有绝对的主角和配角，政府与海洋社会组织的角色应该根据具体项目、具体活动进行调整转换，在这一活动中可能充当主角、牵头人，在另一项目中也可能成为配角、协作者。"二者身份彼此互不隶属，在具体事务上分工协调"①，共同推动我国海洋强国建设。

3.4.2 政府与海洋社会组织合作路径的建构

1）政府与海洋社会组织要相互重视合作

思想是行动的先导，要实现政府与海洋社会组织之间的合作首先需要双方认识到位，互相信任，共同为提升我国海洋软实力出谋划策，维护和实现国家利益。

（1）政府要重视与海洋社会组织的合作。与西方社会相比，我国的公民社会发展不成熟，原因之一就是政府对公民社会重视不够，认识不足，导致作为公民社会的载体——社会组织发展缓慢。有些政府工作人员认为海洋软实力的提升关系到国家利益，属于国家大事，与海洋社会组织关系不大，在提升我国海洋软实力时将海洋社会组织排挤在外，这种观念大大限制了海洋社会组织的发展空间。另外，在国际社会上，海洋社会组织相对于政府而言更具有独立性、中立性，因此海洋社会组织的观点及行为更具有客观性，容易获得国际社会关注，这是海洋社会组织的独特优势。然而，有些政府工作人员虽然比较关心海洋社会组织的发展，但是没有充分认识到海洋社会组织的独特优势，这难免会影响海洋社会组织独特作用的发挥，也不利于我国海洋软实力的提升。对于政府而言，应该注重加强对政府工作人员的教育、宣传，开展相关理论学习，如公民社会理论、治理理论等，以便加深政府部门及人员对政府与海洋社会组织之间合作的重要性认识；可以组织政府人员对海洋社会组织进行的项目进行考察，增进对海洋社会组织的了解，适时提供指导与帮助，和谐二者关系；政府也可以邀请社会学、管理学、海洋等领域的专家学者举办讲座，帮助工作人员了解海洋社会组织，扭转对海洋社会组织的错误认识，在让政府工作人员明白海洋社会组织可以同政府部门一起共同为提升我国海洋软实力服务的同时，为二者合作提供可参考的建议等。政府对海洋社会组织的态度会影响海洋社会组织的积极性，加大政府对海洋社会组织的重视程

---

① 刘秀华．城市治理中政府与社会组织的合作路径研究．第三届华人公共管理学者论坛，2012.

度，有利于海洋社会组织独特作用的发挥，减少政府与海洋社会组织之间实现合作的后顾之忧，保证我国海洋软实力的提升更顺利。

（2）海洋社会组织要认识到与政府合作的重要性。我国的市场经济不发达，计划经济时期造成的全能政府的影响一直存在，这一特殊的国情导致我国社会组织对政府的依附性比较高，政社分离程度不够，社会组织官办色彩浓厚。而目前我国的海洋社会组织大多都是兴办于民间，除了个别大型的学术型海洋社会组织如中国海洋学会以及官办的海洋社会组织与政府合作较多，其他的民间海洋社会组织都缺乏与政府之间的合作，力量单薄，此类海洋社会组织的负责人或许想避免被贴上"行政依附"的标签，尽量与政府划清界限，这是不利于我国海洋软实力的提升的。与政府合作，海洋社会组织可以获得组织发展的各种资源，增强自身的实力，有利于组织目标的实现。为了组织的未来发展，作为海洋社会组织的负责人要有长远、国际性的眼光，如果与政府建立合作关系，在很多事务上会取得事半功倍的效果。在我国海洋软实力提升中，海洋社会组织一般是通过开展具体的项目，如宣传海洋文化、普及海洋环保知识、鼓励大家保护海洋、宣示国家主权等来达到保护、合理开发、利用海洋以及实现和维护国家海洋权益的目的。行动固然重要，作为海洋社会组织的负责人也不能忽视理论学习，通过学习相关理论不断加强与政府合作重要性的认识。政府本身不可避免地存在一些不足，如机构臃肿、效率低下等，但是其内部管理制度还是比较完备的，作为刚刚萌芽的海洋社会组织应该向政府学习其制度化、规范化的管理，有利于组织的完善，也能让其走得更长远。

（3）政府与海洋社会组织要互相信任。双方互相信任是进行合作的基础。彼此之间有了信任，才能有开展合作的行为，但是如果政府与海洋社会组织在为我国海洋软实力提升这一共同目标努力中信任程度不够，将会影响二者合作的效果。二者之间信任水平的高低将直接影响双方的合作意愿，而信任这一资源是可以通过不断的使用增加的，因此，政府与海洋社会组织双方需要不断寻找、互相提供合作的机会增加彼此的信任程度。另外，如果要让对方信任，也需要自身实力的不断增强，才能保证在处理各自职能范围内的事务时游刃有余。政府与海洋社会组织应该多创造机会为双方工作人员提供交流机会，例如可以通过定期座谈会的形式加深双方的了解，建立互信的前提；相对于政府而言，海洋社会组织一开始在海洋软实力提升中处于辅助者的角色，实力较弱，所以要特别注重内部人才的培养，提高工作人员的素质和能力，以过硬的业务能力增加政府的信任；政府掌握的信息比较全面，而海洋社会组织相对于政府来说，更加贴近基层，汇聚了海洋领域的专家、学者等，所以其掌握的信息更基础、更专业，政府与海洋社会组织二者具有不同的优势，在人员方面也各有所长，双方如果实现资源共享，将会大大增加二者之间的信任度，也会利于二者之间合作的实现。

2）政府要加大对海洋社会组织的培育支持力度

海洋社会组织与其他类的社会组织相比有其特殊性。首先，它与国家海洋发展战略密切相关，作为我国海洋软实力的表层实力资源，也是提升我国海洋软实力的重要主体，其发展关系到我国海洋实力的强弱，关系到国家海洋权益的实现和维护。其次，目前我国的海洋社会组织大部分处于萌芽阶段，有的民间海洋社会组织发展困难重重，数量少、影响力弱，无法担当重任。因此，要实现政府与海洋社会组织之间的良性合作，加大对海洋社会组织的培育支持力度是不容忽视的。

（1）鼓励成立海洋社会组织。目前我国海洋社会组织数量不多，而其中比较有影响力的主要是来自香港、台湾地区，如香港海洋环境保护协会、中华保钓协会、世界华人保钓联盟等。内地虽然也有一些海洋社会组织，如中国海洋工程咨询协会、中国海洋学会、中国海洋发展研究会、蓝丝带海洋保护协会、深圳市蓝色海洋环境保护协会、大海环保公社等，但是存在一些问题：数量远远不够，相对于我国 300 万平方千米的主张管辖海域，却仅仅有十几个海洋社会组织，相对于其他种类社会组织数量过少；业务范围不够宽泛，主要集中于海洋环境保护领域，很少涉及海洋权益维护、海洋文化传播等领域；影响力不高，现存的海洋社会组织仅在国内有一定影响力，而且国内影响力也不够大不能完全满足服务于海洋事业发展的需要。通过我国海洋社会组织的发展状况，不难了解到目前我国对海洋重要性的认识还有待进一步提升。为了提升我国的国际影响力，扩大国际话语权，迫切需要提升我国海洋软实力，而其中很重要的一点也是近年来被忽视的一点就是海洋社会组织的发展，作为政府，应该在目前比较稀缺海洋社会组织的领域，如海洋文化传播、海洋权益维护等领域鼓励组织成立相关海洋社会组织，并且在其成立和发展过程中提供一定的指导和帮助。

（2）完善登记管理制度。目前，我国比较有影响力的海洋社会组织都是正式注册登记的，由于它们具有合法性，所以才能够在事务中获得法律的保护，得到政府的大力支持，保证其自身得以发展壮大，所以说，合法性身份的取得对于海洋社会组织的发展是根本性的问题。目前，北京、广州、深圳、成都等地区对于某些社会组织开始实行等级管理和业务主管一体化，不需要找到业务主管部门或者挂靠单位而实现直接注册登记取得合法身份。党政十八大之后，除了政治类、宗教类以及国外社会组织在华代表机构需要有业务主管部门之外，其他社会组织可以直接在民政部门登记，这对于当前海洋社会组织的发展是极大的利好。海洋社会组织承担着服务国家海洋发展的任务，各级政府部门要认可和重视海洋社会组织地位，关注海洋社会组织的发展，作为破冰之举，希望能够尽快将海洋社会组织纳入直接注册登记的行列。

（3）增加资金支持。我国社会组织的资金主要来源于政府投入、社会捐赠和会费。社会捐赠和会费需要公众的信任，而海洋社会组织目前的社会影响力比慈善类等社会组织的社会影响力弱得多，所以其获得的捐赠是比较少的。可以通过以下方面做出努力：①政府加大对海洋社会组织的资金支持。目前，我国政府对于海洋社会组织的资金支持远远不够。如蓝丝带海洋保护协会通过与政府之间开展合作获得资金，这主要是政府购买其服务，而这一部分资金仅仅占所有资金的极少部分；海南省海洋环保协会业务主管单位是海南省渔业厅，但是其资金来源却主要是靠秘书长个人垫付。从总体上来说，政府一直以来是社会组织资金的主要来源，这在一定程度上导致社会组织缺乏独立性，饱受诟病。但是海洋社会组织与政府同时作为提升我国海洋软实力的主体，二者不可替代，互相补充，其地位不能与其他社会组织一样，所以不能让资金限制其发展，影响其作用的发挥。鉴于海洋社会组织的特殊性，政府应该加大资金支持。可以设立专项海洋发展基金，作为支持海洋社会组织发展的专项经费，专款专用，为海洋社会组织发展提供资金支持。海洋发展基金的发放可以借鉴目前政府在招商引资以及产业扶持等方面的做法，需要经过海洋社会组织申请、提交项目、专家评议、绩效评价等环节获得资金。这样，一方面保证了海洋发展基金的充分有效使用，另一方面通过对海洋社会组织使用资金的效果进行绩效评价，也实现了政府对海洋社会组织进行监督的目的。②政府与海洋社会组织双方都要对海洋社会组织进行努力宣传，争取公众的广泛信任。由于公众目前对海洋社会组织仍然缺乏一定的了解、认识，所以获得公众的信任还需要政府与海洋社会组织自身的共同努力。作为政府可以向海洋社会组织提供媒体支持，如在广播、电视、网络推广有关海洋社会组织的公益广告，作为海洋社会组织也可以与学校联系，一起开展项目，将青少年成长与本身开展的项目相结合，从学生群体开始扩大其社会影响力。

（4）加大政策扶持力度。政府应尽快制定国家海洋发展战略，为海洋社会组织的发展提供理论指导与政策支持。我国作为拥有 300 万平方千米海洋国土的海洋大国一直以来都没有出台国家海洋发展战略，远远不及美国、日本、印度等国对海洋战略地位的重视。2011 年《中华人民共和国国民经济和社会发展第十二个五年规划纲要》中明确指出要制定和实施海洋发展战略，这是关系到我国实现海洋强国地位的宏伟事业。美国 21 世纪海洋发展战略中，最核心的原则有四点：加强对海洋和沿岸环境保护、挖掘海洋经济潜力、确立海洋探查国家战略、提高海洋研究和教育水平，其中在"提高海洋研究和教育水平"原则下，特意强调要加强民间团体和联邦政府之间的合作，推进民间和学术界的合作。海洋社会组织担负着提升我国海洋软实力的使命，是与国家海洋发展战略密切联系的，国家海洋发展战略的制定与实施需要举全国之力，要将海洋社会组织的发展作为内容之一，对其活动范围、未来目标、具体措施等方面作出战略规划。

（5）建立信息资源共享制度。信息化已经席卷全球，影响生产、生活的方方面面，对于我国政府与海洋社会组织而言，在处理国际国内海洋事务时更加离不开信息的作用。如果在政府与海洋社会组织之间建立信息资源共享，那么二者的合作将更有针对性，更有效率，对提升我国海洋软实力也大有裨益。政府部门作为国家的权力机关，拥有最完备、最庞大的信息统计系统，在日常的政府管理活动中，又积累了大规模的数据，可以说，政府掌握着目前为止最大的信息量。而海洋社会组织也有自身的优势，经常开展有关海洋环境保护、海洋知识普及、海权教育等项目，搜集的材料更加贴近基层，也更详细；另外，海洋社会组织汇聚很多海洋领域的专家、学者，他们掌握的信息更加专业，可信度也更高。政府与海洋社会组织各有优势，建立信息资源共享可以充分结合二者的力量，大大提高二者的效率及效果。当今时代网络工具发达，双方应该充分利用网络带来的便利，建立信息查询系统，适度将某些信息在网上公开，方便双方查询、搜集所需要的信息；另外，通过信息的及时更新、反馈也可以了解公众的想法、建议，为公众参与提供渠道，建立公众对政府与海洋社会组织的信任，这无形之中会增强国民海洋意识，吸引越来越多的人参与到海洋事务之中，为我国海洋软实力提升出谋划策，全民参与海洋事务本身也是我国海洋软实力提升的表现。

3）海洋社会组织要提升自身发展能力

目前，我国的海洋社会组织数量少、发展不成熟、影响力弱小，作为提升我国海洋软实力的主体之一，要与政府之间形成良好配合，除了获得政府的大力培育、支持以外，提升自身发展能力，注重自身的发展才是关键所在。我国海洋社会组织目前主要应从以下方面着手。

（1）完善海洋社会组织内部管理。海洋社会组织虽然与政府、企业不同，但是作为组织，要想有长远的发展，同样不能忽视内部的管理，更别说海洋社会组织承担着特殊的使命。①需要将战略管理引入海洋社会组织。"战略管理是指对组织进行的总体性管理，是组织制定和实施战略的一系列管理决策与行动"，① 社会组织的战略管理具有公益性、参与性、系统性、稳定性、循环性、长远性的特点。海洋社会组织承担着提升我国海洋软实力、维护和实现国家海洋权益的使命，具有一定的战略地位。将战略管理引入组织，可以保证组织的宗旨和目标更加明确，在决策与行动时防止出现短期行为；帮助组织抓住机遇和面对挑战；通过共同参与制定组织目标，唤起组织成员的志愿精神。②对于海洋社会组织而言，面临资

---

① 林修果. 非政府组织管理. 武汉：武汉大学出版社，2010：170.

金短缺的困境，需要加强其筹款管理。筹款管理涉及筹款方式、原则、市场分析、绩效评估等。我国官方的海洋社会组织主要依赖政府支持，而民间的海洋社会组织，如蓝丝带海洋保护协会主要依赖会费及社会捐赠，资金对于海洋社会组织而言都是最重要的，影响其生存、扩展，通过多渠道的筹款也可以降低对某些单位的依赖性以及吸引更多的人支持、加入海洋社会组织。③透明的财务管理也是必需的。作为海洋社会组织需要定期向捐赠单位或个人公示资金使用情况、项目进展情况，主动接受监督，这也是赢得尊重与信任的方式之一。④组织的人力资源管理也不能忽视。需要建立一整套完善的用人制度，从选人、用人、育人、留人着手，为组织发展注入强劲动力。

（2）海洋社会组织要重视自身队伍建设。人才是组织不断发展的源泉，我国的海洋社会组织大多汇聚了海洋领域的专家以及心系国家海洋发展的社会各界人士，但是管理者、志愿者的建设也不能忽视。①聘用专业管理人士。我国很多海洋社会组织是关心海洋的人们创建的，如大海环保公社由衣无尘先生创办，创建者关心海洋，但是对于一个组织的运营或许力不从心，这就需要引进专业管理人才，大力聘用具有较高管理能力的热衷海洋事业的人才担任管理者。②注重志愿者的培训。海洋社会组织由于资金有限，需要很多志愿者的参与来实现组织宗旨，除了要关心、帮助广大志愿者们，为志愿者提供必要的补助，还需要进行适当的培训，激发他们的热情，促使志愿者们最大限度地发扬其志愿精神。③人才要与国际接轨。为了实现我国海洋软实力的提升，扩大其国际影响力，海洋社会组织也需要国际性人才。我国的海洋社会组织是要成长为能够震撼国际社会、获得国际认同的组织，与政府合作处理国际海洋事务，维护国家海洋权益，所以海洋社会组织需要一些了解世界局势，熟悉国际法，掌握多门外语，能够熟练处理国际海洋事务的人才。④与教育科研机构合作培养人才。高校、科研机构可以为海洋社会组织的工作人员进行培训，尤其是我国海洋类高校及科研机构拥有较为雄厚的海洋类师资力量，除了为海洋社会组织进行培训之外，也可以为海洋社会组织输送大量海洋类专业人才。

（3）积极与国际类海洋社会组织开展交流合作。目前我国海洋社会组织的国际影响力还很微弱，参与国际海洋事务更是少之又少，尤其是关系到我国海洋软实力提升方面，在维护国家海洋权益方面力量微乎其微。国内一些学术型海洋社会组织，如我国海洋学会以论坛、研讨会的形式开展民间国际海洋科技交流以及港、澳、台地区的学术交流活动，有些民间海洋社会组织，如蓝丝带海洋保护协会与联合国开发计划署、全球环境基金等合作开展项目，通过开展交流合作一方面提升了我国海洋社会组织的国际知名度，另一方面也会促进我国海洋软实力的提升。但是，在与国际组织开展合作中仍然存在问题。如我国海洋社会组织全球化、国际化意识还不够强，在参与国际性活动中大部分是响应性参与，主动倡导性的项目很少，这种情形会影响国际影响力的快速提升，海洋社会组织要变被动为主动，在增强自身实力的同时，早日发出具有国际影响力的声音，在提升我国海洋软实力过程中成为让政府信任的合作者。

4）建立有效监督机制

政府与海洋社会组织在合作过程中，要建立有效监督机制，形成覆盖政府、海洋社会组织以及社会公众的监督体系，避免影响我国海洋软实力的提升。这主要包括以下三个方面。

（1）政府要加强对海洋社会组织的监管。海洋软实力的提升涉及国家的利益，既然政府与海洋社会组织在我国海洋软实力的提升中具有共同的目标，最终都要实现和维护国家海洋权益，因此，在国际上二者必须保持立场一致。虽然海洋社会组织具有独立性，但是政府需要加强对其监管，防止其出现不规范的行为，甚至在国际社会发表与我国政府不同的言论，影响国家良好形象。

（2）海洋社会组织要重视对政府的监督。在我国海洋软实力提升中，政府与海洋社会组织之间的合作是建立在互惠互利、平等基础上的，互相监督才能让彼此都能获得进步。海洋社会组织实现监督的方式包括：公布与政府合作项目的详细内容，接受社会公众的监督；邀请海洋领域的相关专家、学者对政府有关海洋科研、海洋经济、海洋工程的项目进行评估，并公布评估报告。

第4章　我国海洋公共危机管理研究

2011 年中国海洋生产总值为 45 570 亿元，同比增长率为 10.4%。海洋生产总值约占国内生产总值的 9.7%。① 海洋经济成为国内生产总值的重要组成部分。但是，海洋公共危机给经济发展带来了直接损失，2011 年各类海洋灾害（含海冰、涌潮等）造成直接经济损失 62.07 亿元。② 尽管海洋公共危机已经严重阻碍了海洋经济的持续稳定发展，但是目前国内对海洋公共危机的研究比较欠缺。人们对海洋的认识仍然主要在利用和开发海洋资源方面，对海洋公共危机认识不足。然而，风暴潮、海啸等海洋自然危机以及海上溢油、海洋战争、岛屿争夺等综合原因导致的海洋公共危机交替发生，使人们不得不将海洋公共危机纳入视野范围内。公共危机管理主体是一个复杂结构，包括政府系统、企业、公民和各种非政府组织，其中处于主导地位的是政府。③ 政府能力的强弱直接决定了海洋公共危机处理的有效性。

4.1　海洋公共危机的涵义、分类和特点

党的十八大报告指出要提高海洋资源开发能力，发展海洋经济，保护海洋生态环境，坚决维护国家海洋权益，建设海洋强国，由此可见我国海洋战略地位之重。随着各国战略目标转向海洋，海洋的开发和利用日益受

---

① 2011 年《中国海洋经济统计公报》，http：//www.cme.gov.cn/hyjj/gb/2011/4.htm.

② 2011 年《中国海洋灾害公报》，http：//www.soa.gov.cn/soa/hygbml/zhgb/eleve/webinfo/，2012，7.13.

③ 金太军，赵志锋.公共危机中的政府协调：系统、类型与结构.江汉论坛，2010（11）：63.

到重视，但同时也加速了海洋公共危机的发生。从海洋漏油事故到岛屿争端，从印度洋海啸到日本福岛第一核电站核泄漏事故，无不证明现在的国内和国际范围内普遍存在海洋公共危机，亟须全球加强对海洋公共危机的管理，而明确海洋公共危机的内涵是进行海洋公共危机管理的有效前提。

4.1.1　海洋公共危机的概念界定

目前海洋公共危机概念研究的现状是学界对于海洋公共危机概念的专门研究较少而且缺乏统一的认识。国内只有两位学者对海洋公共危机的概念作了明确界定，一是朱晓鸣站在政府公共危机管理的角度，认为海上危机是指发生于或者涉及海洋空间领域，对一个国家的安全、稳定、秩序和利益形成重大威胁，需要以政府为主体的公共组织在外界压力和不确定性极高的情况下作出关键性决策的突发性紧急事件。① 二是姚会彦依据危机的影响范围认为海洋公共危机是由于自然因素或人类活动引起的，发生在海洋领域内并对海洋权益、海洋产业、海洋环境、海洋安全以及相关人员的生命财产安全带来严重威胁的公共危机。② 海洋公共危机概念的不统一和研究的缺乏导致了人们对海洋公共危机的边界和等级划分缺乏明确的认识，即危害到何种程度才算作海洋公共危机，海洋公共危机按照何种标准分等级。明确了以上认识，才能依据海洋公共危机的不同等级启动不同程度的预警和响应机制，进行科学有效的海洋公共危机管理，而缺乏以上认识导致海洋公共危机没有明确的危害预估，在这种前提下，海洋公共危机管理易出现不足或资源浪费的现象。

研究概念是开展一切海洋公共危机相关研究的前提，缺乏海洋公共危机概念的研究和统一认识，海洋公共危机管理研究难以进行，例如，由于缺乏海洋公共危机概念的认识，很长时间内人们普遍将海洋公共危机等同于海洋环境危机，而忽视了对于海上核泄漏等海洋公共危机的重视，以致相关的管理过程中出现许多漏洞，最终酿成悲剧。2011 年日本核泄漏事件在标准规程方面，核应急过程中，缺少评价依据以致无法准确评估核泄漏对人体健康和生态环境危害，暴露出的问题主要是土壤、渔业产品等基

---

① 朱晓鸣. 新时期中国海上危机管理研究［硕士学位论文］. 华东师范大学，2008，17.
② 姚会彦. 全球治理时代海洋危机的思考与对策分析. 海洋开发与管理，2010.11：9－12.

体中放射性核素安全标准的缺失。① 缺乏海洋安全标准，相关主体对于海洋公共危机是否发生的反应速度变慢，不能及时启动海洋公共危机管理程序，直接影响了海洋公共危机管理的效率。因此，研究海洋公共危机的概念有其重要意义。

本书综合学者的观点和海洋公共危机的现实状况对海洋公共危机的概念进行界定，认为海洋公共危机是发生在海洋空间（海洋水体、海底和海水表层上方的大气空间）和海洋沿岸区域，由于自然环境、人类活动或政治因素影响，导致威胁或损害国家安全、经济发展及公民生命财产的紧急事件或状态。这个概念的提出包含以下四个方面的内容。

（1）海洋公共危机发生的地点是海洋空间和海洋沿岸区域，其中主要包括两个部分，一个是海洋空间，另一个是海洋沿岸区域，而海洋空间又包括海洋水体、海底和海水表层上方的大气空间三部分，这就打破了以往界定海洋公共危机的发生地点限定于海洋表层及以下空间的格局，将范围扩展到了海水表层的大气及沿海的陆域。

（2）海洋公共危机产生的原因是自然因素、人类活动或政治因素的影响，随着各国对海洋的开发和利用，国与国之间的海洋利益冲突加剧，由于人类活动和政治因素导致的海洋公共危机在所有海洋公共危机中所占的比重越来越大，以往我们对海洋公共危机的研究主要集中在海洋灾害方面，即由自然因素引发的海啸、海浪和风暴潮等自然灾害，对于人类活动引发的海洋公共危机则关注较少，仅注重海上溢油事件，总结起来就是关注海洋环境危机，而海洋公共危机的研究范围应该更多地扩展到人类活动和政治领域，如海上战争、海上核泄漏等危机也应引起重视。

（3）海洋公共危机界定的标准是对国家安全、经济发展和公民生命财产造成威胁或者损害，即不一定是造成实质损失，只要是造成威胁便可认定为海洋公共危机，例如海平面上升，目前短时间内并未对任何国家或地区造成损失，但是长期来看，海平面上升可能导致某些地区被海水淹没而不复存在，这就对国家的安全造成了威胁，也属于海洋公共危机。

---

① 张灿，陈虹，姜文博，等. 日本核泄漏事故应急响应机制研究及启示. 海洋开发与管理，2012（5）：56-61.

（4）海洋公共危机的性质是一种紧急事件或者紧急状态，即海洋突发性事件属于海洋公共危机，而不具备突发性的事件如果最终导致主体处于无序紧急状态，那我们也将这种引发主体处于无序紧急状态的事件命名为海洋公共危机，同样以海平面上升为例，海平面上升的重大变化（比如上升10米）可能需要几百年的积蓄期，我们无法准确预知，但当这个积蓄期一到，造成的危害则是毁灭性的，会使得国家和人民处于解除危害的紧急状态，虽然海平面上升不是一种紧急事件，但是它最终引发了一种紧急状态，所以我们把海平面上升这种事件定义为海洋公共危机。

4.1.2　海洋公共危机的分类

站在不同的角度对海洋公共危机进行分类，会有不同的标准，从而得出不同的分类结果。张玉强在总结学者观点的基础上提出了海洋公共危机的6种分类方法，基本包括了目前学界对于海洋公共危机的所有分类方式：①按照引发海洋公共危机的起因不同可以分为人为的海洋公共危机和非人为的（自然）的海洋公共危机；②从海洋公共危机静态角度进行影响范围的分类可以将海洋公共危机分为局部性海洋公共危机、区域性海洋公共危机、国家海洋公共危机和国际海洋公共危机；③根据海洋公共危机的复杂程度可以分为单一型海洋公共危机和复合型海洋公共危机；④根据海洋公共危机发展的各阶段，尤其是发生前和发生后的速度，将海洋公共危机区分为"快—快"型海洋公共危机、"快—慢"型海洋公共危机、"慢—快"型海洋公共危机和"慢—慢"型海洋公共危机；⑤按照海洋公共危机涉及人群的倾向和态度是否一致，可以分为利益一致型的海洋公共危机和利益冲突型的海洋公共危机；⑥按照海洋公共危机的内容不同可以分为海洋灾害危机、海洋事故危机、海洋安全危机、海洋环境危机和海洋生物危机。① 上述海洋公共危机的分类方式深化了对于海洋公共危机的认识，在以往，我们单纯地将海洋公共危机认定为威胁海洋生态的危机，将海洋生态危机管理等同于海洋公共危机管理。目前，随着人们对海洋公共危机认识的加深，海洋军事战争、国际海盗行为、海上恐怖袭击等也属于

---

① 张玉强，孙淑秋．海洋危机的概念、特点及分类研究．海洋开发与管理，2009（5）：53－57.

海洋公共危机的范畴，地域范围也由一个国家扩展到国际领域，但这同时也增加了海洋公共危机分类的标准，加大了对海洋公共危机进行分类的难度，因为按照不同的标准会有不同的分类。我国现有的应急管理机制按照灾害类别进行分类管理，上述第6种按海洋公共危机的内容进行分类的方式正与我国现行的应急管理机制相契合，便于我国海洋公共危机管理活动的开展，但是仍然有不全面和交叉现象存在。

目前海洋公共危机分类并未统一，而统一海洋公共危机的分类对于研究海洋公共危机管理有着重要作用，因为每一类海洋公共危机都有其内在的规律和特点，每一个分类都可以作为一个特定的领域进行深入研究，它决定着如何对不同的海洋公共危机进行有针对性的分类管理，政府针对不同类型的海洋公共危机应该加强自身不同的海洋公共危机管理能力。

结合学者的研究，站在便于海洋公共危机管理实施的角度，本书将前述第6种分类方式进行整合，将海洋公共危机分为以下四类：①海洋事故危机，主要是发生在海上的交通和海洋工程及设施的危机。如海难事件和海底光缆的破坏等。②海洋安全危机，主要指威胁海域管辖国家和地区安全的海洋权益争夺和侵犯危机。① 如海洋战争、海盗和海岛权属问题等。③海洋环境危机，主要是由于自然环境因素引发的灾害及因人为因素导致的海洋环境污染和破坏，前者包括风暴潮、海啸、海冰和赤潮等灾害，后者包括排放污染物或漏油导致的海洋环境污染和围海造地导致的海洋生境破坏等。④海洋资源危机，主要是海洋矿物和海洋生物资源的损失或遭遇他国的盗采，最终导致资源多样性的减少或枯竭。此种方式是按照海洋公共危机的内容对其进行分类，将前述第6种分类中的海洋灾害危机并入海洋环境危机中，并且将海洋生物危机扩展成海洋资源危机。因为前述第6种分类中的海洋灾害危机与海洋环境危机有交叉的部分，一是因为海洋灾害危机是由于自然环境因素而引起的，二是因为赤潮既属于海洋灾害危机，又属于海洋环境危机，所以将两者合并为海洋环境危机。另外海洋生物危机仅涉及海洋生物资源，而忽视了石油等海洋矿物资源，所以将海洋

① 张玉强，孙淑秋．海洋危机的概念、特点及分类研究．海洋开发与管理，2009.05：53 - 57.

生物危机扩展为海洋资源危机。

4.1.3 海洋公共危机的特点

一般性的公共危机具有高度不确定性、突发性、紧急性、涟漪性和危害性等特点，无论是上述哪种危机都具有公共危机的一般特点，但是海洋公共危机作为公共危机的具体领域，还具有自身的特殊性，这些特殊性加剧了海洋公共危机治理的难度，使政府作为危机治理主体成为必然。

1）海洋公共危机发生频率高

地球的总面积约为 5.1×10^8 平方千米，其中海洋的面积为 3.61×10^8 平方千米，占地球表面积的70.8%，海陆面积之比约为2.5：1。[1] 由于面积广阔，增加了危机发生的概率。此外，距离海岸200千米以内的沿海地区大约集中了世界1/2以上的人口。[2] 人类的生产生活等活动，比如海上航运、海洋渔业等都对海洋环境产生了不同程度的影响，也成为诱发海洋公共危机发生的人为因素。此外，由于海洋公共危机涉及面广泛，其爆发的频率也相应较高。海洋自然危机中，仅就赤潮而言，近10年来，中国近海赤潮频发，平均每年80次左右，[3] 并且有毒赤潮发生率升高。中国近海的赤潮生物约有90多种，其中30%左右的是有毒藻类。[4] 人为性海洋公共危机中，以海上溢油为例，1979—2009年，中国沿海共发生船舶溢油事故2821起，平均每4~5天发生一起。[5]

2）海洋公共危机持续时间长，影响范围广

中国作为一个陆海兼备的东方大国，虽然也有过开发海洋"渔盐之利"和利用海洋"舟楫之便"，但是，总体上对海洋的认识较为浅显。人们单纯的从海洋索取资源的历史较为久远，而对海洋公共危机缺乏认识。由于应对能力很薄弱，海洋公共危机会导致严重破坏性。海洋公共危机的破坏性主要体现在两个方面：①持续时间长。以1991年第一次海湾战争

---

① 冯士筰，等. 海洋科学导论. 北京：高等教育出版社. 1999：20.

② 申长教，等. 时空海洋——生存和发展的海洋世界. 北京：海潮出版社. 2004：23.

③ 国家海洋局. 中国海洋灾害报告（2000—2009）.

④ 高振会，等. 赤潮优势种的生长特征，赤潮重点监控区监控预警系统论文集. 北京：海洋出版社，2008.93.

⑤ 黄何：中华人民共和国船舶及其有关作业活动污染海洋环境防治管理规定，http：www. moc. gov. cn/zhuzhan/zhengcejiedu/zhengcewer/，2011 - 1 - 5.

期间的原油泄漏为例，约1100万桶原油泄漏，但是由于缺乏治理油污的有效手段和经验，直到2003年仅沙特阿拉伯800余千米的海岸仍有约800万平方米的油污尚未清除。②影响范围广。体现在两个方面，首先是影响的生物物种种类广泛。据2010年8月美国政府的评估，美国墨西哥湾"深海地平线"钻井平台爆炸造成至少2亿加仑的原油泄漏，至少使656种海洋生物物种受到污染，并已造成约28万只海鸟，数千只海獭、斑海豹、白头海雕等动物死亡。① 丰富的海洋资源孕育了数量浩大的海洋生命，目前遭遇灾害影响的海洋生物的统计，也仅仅限于人类认识的范围。由于对海洋认识的局限，还有一些生物物种人类尚未发现，油污造成的灾害比我们统计的还要严重。其次是影响区域的广泛性。海洋公共危机往往涉及多个国家，多个海域。

3）海洋公共危机治理难度大

与一般性危机相比，治理海洋公共危机难度更大。首先，治理海洋公共危机需要高科技的技术装备。由于交通的限制和救援时间的紧迫性，海洋公共危机一旦爆发，几乎就意味着动用飞机等工具。有效的海洋公共危机治理需要海陆空部门通力合作。此外，还需要先进的技术装备勘测环境、获取信息。其次，治理海洋公共危机对协调性要求高。从国内层面看，需要不同部门和不同社会主体的协调，由于危机后果严重，治理难度大，通常需要各个部门通力合作，共同应对危机。它要求个人、企业、社会团体等都要高度关注危机，贡献自己的一份力量。从国际层面看，需要不同国家间的通力合作。虽然《联合国海洋法公约》对属于一个国家的领海、大陆架等做出了规定，但是仍然存在一些未被划入国家管辖范围内的公海和国际海底区域，这些区域成为全世界所共同拥有的地区。加之海水具有流动性，全球海洋是相互连通的统一整体，因此，海洋公共危机治理不是某一个国家、区域的责任，而是全人类共同面临的重大课题。但是，各国基于自己国家利益的权衡以及国与国之间的矛盾争端，在国际协调过程中漫长的交易程序和复杂的决策过程，都加大了海洋公共危机治理

---

① 国家海洋局海洋发展战略研究所课题组．中国海洋发展报告（2011）．北京：海洋出版社，2011：338.

的难度。

4）海洋公共危机中人为因素增多

人们对海洋公共危机的认识多局限于自然因素引发的危机。多是气候变化导致的危机，比如台风、海啸、风暴潮、厄尔尼诺现象等，在人们对海洋认识和开发的初期，自然因素引发的海洋公共危机居多。但是，随着科技和经济的发展，各国纷纷将眼光投入到海洋，海洋无与伦比的经济、政治和军事价值使各国在海洋领域的竞争格外激烈。人类海上活动的增多，导致人为因素引发的海洋公共危机增多。而且由于人类活动的复杂性使海洋公共危机更加错综复杂，涉及经济、政治等各领域。

4.2　海洋公共危机管理中的政府能力建设

海洋公共危机与一般公共危机相比，具有特殊性，也正是其特殊性对政府能力提出了更高的要求。

4.2.1　海洋公共危机治理中的政府能力要求

海洋公共危机的特殊性使危机治理难度加大，一方面将拥有强大公共权力的政府推上危机治理的最主要位置，另一方面也是对政府能力更加严峻的挑战。

海洋公共危机管理是指运用经济、法律、技术、行政和教育等手段，为应对即将发生或已经发生的海洋突发事件（包括海洋自然灾害、海洋事故灾难、海洋公共卫生事件、海洋社会安全事件等）而采取的救援措施，包括决策、计划、组织、领导、控制等一系列管理职能活动过程。海洋公共危机管理不仅包括海洋突发公共事件应急期间的行动（如搜救、疏散等），更重要的是海洋公共危机管理还包括海洋突发公共事件发生后的恢复工作。因此，海洋公共危机管理是一个动态过程，包括事故预防、危机准备、危机响应和危机恢复四个阶段。[①] 治理海洋公共危机，对政府能力提出了更高的要求。现代政府能力大致包括：公共决策和执行公共政策的能力、社会资源汲取能力、社会控制能力、公共服务能力、依法行政能

---

① 宁凌. 海洋综合管理与政策. 北京：科学出版社.

力、管理体系创新能力和应对公共危机能力等。现代政府能力最终体现为政府主导、社会多元参与的公共治理能力。① 与一般性危机相比，海洋公共危机对政府能力提出了更高的要求和挑战。

1）要求政府发挥更高的社会控制能力

经济社会的不稳定，人们的家园被破坏，再加上危机时期，信息传播的不通畅，会引发各种社会传闻。正如卡斯帕森所言，灾害事件的后果远远超出了对人类健康或环境的直接伤害，导致更重要的间接影响，如义务、保险成本、对制度丧失信心、污名化、脱离共同体事务等。② 海洋公共危机一旦处理不得当，就有可能引发大规模的社会动荡。我国是以陆域生活为主的国家，开发和利用海洋的历史较短，对海洋探究不足，尤其是普通民众对海洋公共危机认识缺乏。出于本能地对未知的恐惧，海洋公共危机比陆域危机更能引发民众的恐慌情绪，也更容易导致社会不稳定。在海洋公共危机背景下，流言和谣言传播更为便利。比如，2011 年 3 月份发生的日本核辐射事件，引发了中国民众疯狂抢购食盐，原因居然是小道消息称日本核辐射会影响海盐，一度导致沿海多个省份食盐脱销，也不乏趁机涨价的，严重扰乱了市场秩序。因此，危机时刻，政府的社会控制能力显得尤为重要。

2）要求政府发挥卓越的国际合作能力

一般性的公共危机，往往涉及区域比较小，一个省或者几个省，对国际合作和救援的要求较低，主要表现在他国一次性物资捐助，或者非政府组织提供人道主义救援，主要力量还是本国政府和民众。对国际社会的要求更多的是一种道德约束。但是，海洋公共危机涉及区域广泛，会涉及经济发展水平、政治制度、文化背景等都存在一定差异的国度，不同国家之间的协调难度更大。而且，在海洋公共危机治理中，对国际社会更多的是一种责任要求，强制性较强。当海洋公共危机在某一个区域发生时，该国政府成为协调主体，对政府的语言沟通技巧、国际法规熟知程度、谈判技

① 史云贵. 中国政府应对公共危机能力论析——以汶川大地震为研究背景. 社会科学研究，2009（3）：17.

② 童星，张海波. 群体性突发事件及其治理——社会风险与公共危机综合分析框架下的再考量. 学术界，2008（2）：45.

巧等协调和合作能力都提出了更高的要求。防治海洋自然灾害，开发、分配和管理公海的资源都是国际社会共同的责任。随着人为因素导致的危机数量不断增多，海洋公共危机与一般公共危机相比，牵涉了很多复杂的政治因素，各国利益交织成复杂的利益网。政府被嵌入一个由各种组织、协议、机构、制度安排交织构成的政治网络中，要求政府发挥国际合作能力，探索和寻求国际合作的新途径，形成治理海洋公共危机的合力。

3）要求政府发挥更加迅速的资源调配和整合能力

普通民众和市场机制难以在海洋公共危机治理中发挥有效作用，政府自身的优势决定政府有能力在危机时期，调动、整合和运用各种有利资源。主要表现在三个方面：①政府权力的强制性使其能够有效地调动、配置海洋资源；②政府权力的公共性使其应该承担起为未来管理好海洋的责任，而海洋公共危机是影响海洋发展的巨大威胁；③政府行为的公益性表明其目标在于提供公共物品和准公共物品。① 海洋安全是全体社会成员安定生活的重要保障，治理海洋公共危机需要耗费巨大的人力、财力和物力，市场作用微弱。由于危机发生在海洋，普通民众很难亲赴现场，政府的作用显得尤为重要，危急时刻，更加强调政府资源调配和整合的速度。在政府做出决策的前提下，民众可以根据决策内容和自身能力，为危机治理做些力所能及的事情。因此，政府如果不迅速下达资源调配的指令，民众基本束手无策。此外，治理海洋公共危机要求政府善于运用人力资源丰富的优势，动员个人、企业、社会组织等共同参与到海洋公共危机的治理工作中。

4）要求政府发挥更加果断的公共决策能力

有效治理危机的关键是及时做出正确的决策。著名管理学家西蒙认为，管理就是决策。海洋公共危机治理也不例外，由于路途遥远、交通不便、事态紧急等原因，需要政府发挥更加果断的决策能力。海洋公共危机决策又不同于常规的决策，它一般具备三个要素：①决策问题的发生、发展具有突然性、急剧性，需要决策者当机立断；②可供决策者利用的时间和信息等资源非常有限；③事态的发展危及决策单位和决策者的根本利

---

① 王琪. 海洋管理从理念到制度. 北京：海洋出版社，2007：66.

益，但决策的后果很难预料。① 在海洋公共危机应对中，争取时间显得尤为重要，比如，在处理溢油事件中，越早做出正确决策就意味着更少的海域受到污染。石油泄漏和扩散需要一个时间过程，正确的决策可以减少危机蔓延，也为危机治理争取了更多的机会和时间。在面临海洋公共危机时，决策是非程序化的，政府往往需要运用强制性保证决策迅速被执行。因此，海洋公共危机治理考验了政府在紧急状态下冷静分析问题、准确把握问题，从而正确做出决策的能力。决策是短期的，即时的。为了将正确的短期决策保存下来，为未来危机治理提供经验和指导，需要进一步完善制定公共政策的能力。公共政策是政府能力的题中要义，对政府能力的理解，不可避免地涉及公共政策。② 公共政策发挥长远的全局的作用，治理危机要求政府将短期决策和长期政策结合起来。

4.2.2 海洋公共危机治理中政府能力有效性不足的原因

从两个层面理解政府能力：①政府能够"干什么"，即政府有能力做什么事情，包括经济调控能力、公共财政能力、社会管理能力等。②政府做这些事情获得什么效果，即政府的"有效性"。②尽管海洋公共危机的特殊性对政府能力提出了更高的挑战和要求，但是，在实际应对危机中，政府能力依然存在有效性不足的问题。找到政府能力不足的原因，是政府能力提升的必要前提。

1）有关公共危机的法律法规供给不足

《国家突发公共事件总体应急预案》中首次明确提出各地政府是处置发生在当地突发公共事件的责任主体。但是，目前还没有一部专门法律用以规范地方政府危机管理的责任。2003 年之前，我国大陆对公共危机的理论研究不足，在"非典"出现和"紧急状态入宪并列入立法计划"之后才引起进一步的重视。针对公共危机治理，政府进行了一系列法律法规的制定工作。2006 年，国务院颁布实施《国家突发公共事件总体应急预案》《国家自然灾害救助应急预案》，2007 年出台《中华人民共和国突发事件应对法》，它们共同构成我国应对突发事件的基础性指导文件。针对

---

① ［美］罗伯特·希斯. 危机管理. 北京：中信出版社，2004：181.
② 王骚，王达梅. 公共政策视角下的政府能力建设. 政治学研究，2006（4）：69.

海洋领域,《中华人民共和国海洋环境保护法》《中华人民共和国海洋倾废管理条例》《防治海洋工程建设项目污染损害海洋环境管理条例》等法律法规也构成海洋环境保护的法律体系。尽管在制定应对危机的法律法规方面,政府取得了重要的成果,但是,建立完善的涉及公共危机治理的法律体系依然任重而道远。

2)政府危机信息管理不足

信息在海洋公共危机治理中发挥着至关重要的作用,只有全面准确地掌握第一手的信息,才能正确估计和判断危机形势,在正确理解的基础上作出有针对性的合理科学的决策。政府信息管理能力不足主要体现在两方面:①获取信息能力不足。海洋公共危机一旦发生,由于海洋距离陆地较远,且通信、交通等基础设施建设都比较落后,获取信息有时滞,而且信息在传输过程中也存在失真现象。②政府对信息监管不到位。在关于危机的谣言四起时,民众会倾向寻求官方的解释。政府对权威性媒体监管不足,就会导致虚假信息被报道,民众受到误导。

3)政府之间及政府各个部门之间协调性不强

与一般性的危机治理相比,海洋公共危机具有的上述特殊性决定了海洋公共危机治理不可能通过单个力量解决,对协调性提出了更高的要求,需要中央政府和地方政府,地方政府之间,政府各部门之间密切合作,整合所有可用资源共同应对危机。但是,我国各个政府之间、部门之间职能划分不清楚,政府之间、部门之间纵向和横向的协调难度很大。在应对危机时,往往是临时组成危机应对小组,小组成员来自不同的部门,职能和责任不明确,"搭便车"现象和"集体行动的困境"难以避免。此外,临时小组缺乏处理危机的相关经验,而且不同成员之间的沟通、协调和合作也需要花费大量时间。缺乏专门的协调机构,很难充分调动一切可以利用的资源应对危机。

4.2.3 海洋公共危机治理中政府能力提升途径

1)政府提高法律和制度的建设与供给能力

《中华人民共和国突发事件应对法》第九条明确规定:"国务院和县级以上地方各级人民政府是突发事件应对工作的行政领导机构"。但是,政府依法行政的能力是基于完备的法律体系。将海洋公共危机治理纳入到法制化的轨道，需要有明确的法律法规作为基础。首先，在法律建设方面，一是加快立法进程，亟须建立一部针对海洋公共危机的专门法律。虽然针对公共危机治理，我国已经建立了一系列的法律法规，但在公共危机治理中还没有成为政府和社会行为的主要框架。① 在危机处理过程中，依然是行政命令起主导作用。在有关法律中，应该明确规定政府各个部门的职责，责任到具体的部门。二是针对影响危机的具体方面也可以制定专门的法律，比如针对信息不公开不透明可以制定《信息公开法》。将海洋公共危机管理纳入法制化轨道是有效处理危机的重要举措。三是从国际的层面上看，海洋公共危机治理是全人类面临的共同课题，加强和完善以《联合国海洋法公约》等国家海洋法律法规为基础的有关海洋的国际立法，提高各国家治理海洋公共危机的紧迫感和责任感。

在制度建设方面，加强和完善预警和预案机制建设。政府需要建立起系统的全面的应对海洋公共危机的机制，做好防范海洋公共危机的准备工作。一个完整的危机治理过程包括预警、应对、善后、总结四个阶段。其中预警机制是遏制危机最基础的阶段。政府要充分利用各个学科的优势，集中运用计算机学、数学、经济学等学科的知识和人才不断完善海上预警机制。此外，加强对偏远郊县的重视，逐步在这些地区建立起海洋公共危机预案，并且在每一危机过后，总结危机治理的经验，根据实际情况不断完善已有预案。总之，政府要加大对海洋公共危机研究的投入力度，配备专业的技术人员建立完善的预警机制和加强预案工作管理。

2）政府提高危机信息处理能力

及时、准确地公开有关海洋公共危机的信息，可以增加公众对抗危机的信心，有利于在政府和公众之间建立良好的信任机制。对尽快协助政府战胜危机具有重要意义。首先，要确保发布信息的准确性，由于交通和海上环境的限制，普通民众难以到达事故现场，政府需要派出专门的事故调查小组和官方媒体等，到事故现场还原事实真相。其次，要通过多种方式尽力将真实信息传播开来。一是积极同传统媒体加强合作，

---

① 国家发展改革委经济体制与管理研究所. 改革开放三十年：从历史走向未来. 北京：人民出版社，2008.

通过电视、广播和报纸的形式向公众展示最真实最权威的信息。保障公众的知情权可以减轻危机冲击，维护社会稳定。在"5·12大地震"发生时，一些地方政府及时发布地震之后的最新情况，比如广东、广西等地迅速启动应急预案，免费发送420万条地震应急短信，向公众及时发出权威信息，对于稳定公众的情绪、维护生产和社会生活、避免谣言等方面都产生了良好的效果。[①] 二是在网络发达的当代，政府要善于运用网络平台，加强与公众的沟通和互动，比如通过政府官方网站、微博等及时更新信息。能打败流言的最有利的武器就是真相。海上环境的特殊性增大了获取信息的难度。政府要发挥高新科学技术的作用，配置先进的信息检测和处理系统。政府的信息处理部门需要配备先进的设备，并且配备专业处理信息的技术人员，此外，需要完善海上通讯设备等，加强信息传递的畅通程度。

3）政府提高海洋人才培养能力

公共危机的应急管理需要一大批训练有素的专业性干部队伍，对公共危机过程进行全面而有效地科学领导、协调与管理。在海洋经济迅速崛起的今天，海洋开发和管理受到各国的普遍重视。据了解，国外有专门培养社会危机管理人才的专业。在欧美国家，一些军事战略专家和国防经济学家从国防经济学的角度来研究危机预警系统。[②] 首先，各国尤其是涉海国家应该加大对海洋人才的培养，建立一支专业知识过硬、实践经验丰富的优良的海洋人才队伍，这支队伍是一支精良、人员结构合理的队伍，在海洋公共危机发生后，协助政府对危机治理的全过程进行全面而有效的科学领导、协调和管理。此外，海洋人才和专家队伍也负责传播和普及海洋公共危机知识，将海洋公共危机的理论知识和实践经验通过媒体等多种方式向社会成员广泛传播，以普遍提升全体国民对海洋和海洋公共危机的认识。最后，建立由海洋人才组成的专家小组，成为政府进行危机决策的智囊团。要从法律和制度上确保专家小组参与决策、独立表达意见的权利。使专家小组参与决策法制化和常规化。对公众而言，了解海洋不仅仅是应

---

① 李和中. 从汶川大地震看中国政府危机处理能力的进步. 学习月刊，2008（6）.

② 张璐. 试论如何提高政府的公共危机管理能力. 科技管理研究，2008（2）：46.

对海洋公共危机，也是作为拥有绵长海岸线和众多岛屿的国家国民应该具有的基本素质。

4）政府提高协调合作的能力

一个好的政府未必亲力亲为，而是要善于寻求与外界的合作，借助他人力量共同应对危机。首先，要与公众进行合作，中国是个人口大国，政府要善于把人口众多的劣势转变成丰富的人力资源优势。2008年在应对青岛浒苔事件中，青岛市政府成功地调动了包括学生在内的普通百姓的力量，共同参与浒苔打捞工作。通过各种方式，增加公众对海洋和海洋公共危机的知识，一方面可以提高公众危机应变能力，减少损失；另一方面，公众了解到危机治理的难度，也会对治理海洋公共危机的政府更加宽容和支持。其次，要与民间组织合作。民间组织是联系政府和公众的桥梁和纽带，近几年在应对突发公共事件的过程中，已经初步显示民间组织在公共危机治理中的积极作用。但是，当前我国公民社会依然发育不良，民间组织力量弱小。因此，政府亟须提高公共危机治理多元主体的培育能力，构筑由各种协会、商会、志愿性团体、社区组织、非政府组织、公民个人等多元主体参与的公共危机治理结构。① 最后，要与国际社会合作。在治理海洋公共危机的过程中，由于各国的国家利益存在差异，可能导致在治理方案上存在分歧。海洋公共危机涉及的利益主体较复杂，全球化进程中，"各国的政府系统势必从封闭走向开放，以配合这个全球开放、非单一力量可以控制的新系统的运作"。② 海洋公共危机需要全球治理，在海洋科学研究和评估方面开展密切合作对于海洋公共危机治理意义重大。

5）政府提高自身的学习能力

首先，要善于总结陆域危机治理的成功经验。海洋公共危机作为公共危机的一个分支，可以汲取其他分支危机的成功经验，结合自身特色加以运用。其次，要建立一个海洋公共危机的数据库。它能收集和编制各部

---

① 廖业扬. 论政府公共危机治理能力的再造. 广西民族大学学报, 2010（4）: 115.

② 戴维·赫尔德. 全球大变革. 杨冬雪, 译. 北京: 社会科学文献出版社, 2001.

门、各地区、各种组织、新闻媒体和各国重大灾害风险信息数据。① 以典型危机事件作为案例，分析政府应对危机的成功经验和不足之处。信息在相关部门之间共享。再次，要立足本国，与时俱进，学习和借鉴其他国家处理海洋公共危机的成功经验，扬长避短，不断完善自身，多角度、全方位地学习他国的长处。此外，还要引进国外先进的勘测技术和设备以及治理海洋公共危机的经验。最后，学习国外对危机的法制化管理经验，使海洋公共危机治理的各个过程、方面法制化、常规化。比如，针对公众参与危机治理问题，美国就在多项法律中进行规定，建立了比较完善的国民经济动员体系。总之，建立起一种国内外相结合、不同危机治理经验相结合的全方位的学习体系。从长远来看，政府学习能力的提高对于政府治理海洋公共危机是十分有益和必要的。

4.3 海洋公共危机管理中的政府协调机制构建

海洋公共危机所具有的复合性、区域性等特点决定了海洋公共危机管理仅靠一个部门的力量远远不够，需要相关部门通力合作、协调行动。随着海洋公共危机成因的错综复杂性越来越高、演变形式越来越多样化，目前较为分散的海洋公共危机管理已经不能适应解决海洋公共危机的需要，政府间的协调成为解决海洋公共危机的一个有效途径。

4.3.1 海洋公共危机管理政府协调机制构建的必要性

海洋公共危机管理政府协调机制的构建，一方面是海洋公共危机自身的特点使然，另一方面也是为克服当前海洋公共危机管理中存在着的职能分散、部门各自为政等碎片化的不足所致。

具有复合性和区域性等特点，海洋公共危机的特点决定了海洋公共危机管理需要各部门通力合作，但是我国现在的海洋行政管理体制是统一管理和分部门、分级管理相结合的海洋行政管理体制，在这样的体制管理下，管理海洋公共危机的职能分散在各个部门，各部门之间的联系比较松

---

① 唐钧，陈淑伟. 全面提升政府危机管理能力 构建城市安全和应急体系. 探索，2005（4）：77.

散，这种管理体制往往限制海洋公共危机处理的效果和效率，为解决海洋公共危机管理中的问题，建立海洋公共危机管理中的政府协调机制就显得尤为必要。

我国现行的海洋行政管理体制是统一管理与分级管理相结合的模式。在实际的管理过程中，统一管理相对薄弱，海洋公共危机管理的职能分散在各个部门。海洋公共危机管理部门的分散性影响海洋公共危机管理的效率和效果。首先，在海洋公共危机的预防上，难以形成信息共享。其次，在海洋公共危机的处置上，分散的局面容易延误海洋公共危机处置的最佳时机。

我国地方的海洋行政管理机构是在 1989 年海洋行政管理体制改革后逐渐建立起来的，目前我国大陆沿海省份都设有海洋行政管理机构。地方的海洋公共危机管理职能在这些机构内都有规定，各地在海洋行政管理机构中建立了海洋应急管理办公室。由于海洋公共危机扩散快的特点，海洋公共危机的处置需要这些地方政府协作完成。

一方面，海洋公共危机的特点要求要有一个统一的部门来调度人力、物力等各方面的资源；另一方面，我国海洋公共危机管理分散在较多部门，这样管理主体与管理对象之间出现一种矛盾。为解决这种矛盾，在现有的部门职能划分基础上，建立各有关部门之间的协调机构就显得非常必要。

4.3.2 海洋公共危机管理政府协调机制建立与运行的条件

海洋公共危机管理政府协调机制协调的内容包含了从海洋公共危机预防、处置及恢复的全过程，包含了相关的海洋公共危机管理的政策法规的制定与执行。海洋公共危机管理的政府协调机制需要具备特定的前提条件，包括外部条件和内部条件。

1）外部条件

外部条件是指能够促使协调机制建立并运行的外在影响因素。这些因素能够为海洋公共危机管理政府协调机制提供驱动力。这些驱动力包括的因素有：①某个紧急的情景或问题。这种情景或问题的出现往往不能通过一个部门来解决，需要多方协作才能有效解决。②外部监督的压力，包括公众以及媒体的监督。③对海洋公共危机管理协作起一般性指导作用的制度等。

具体到海洋公共危机管理的政府协调机制，其建立与运行已经具备了某些外部条件。首先，海洋公共危机发生的急迫性和危害性给协调机制的建立和运行提供了压力。对于海洋公共危机管理部门来讲，进行协调的最直接的外部动力就是海洋公共危机的发生，海洋公共危机的特点使得仅靠一个政府部门来管理海洋公共危机的管理模式或者不同部门各自管理海洋公共危机的相对分散化的管理模式已经不能满足解决海洋公共危机现实的需要。其次，来自社会与媒体的监督压力。媒体对海洋公共危机的关注为政府间协调造成了媒体压力，尤其是现在网络的发达，媒体和公众会对海洋公共危机的处置情况随时关注，在这种情况下，至少会有一个相关的海洋公共危机管理部门发起并建立协调机制，这为海洋公共危机管理政府协调机制的建立提供了条件。最后，我国已有的一般性的法律法规中有协调的相关规定，如《突发事件应对法》总则第四条中规定"国家建立统一领导、综合协调、分类管理、分级负责、属地管理为主的应急管理体制"。海洋公共危机作为一般性海洋公共危机的重要组成部分，应当遵循《突发事件应对法》中有关协调的规定。

2）内部条件

外部条件是海洋公共危机管理中政府协调机制建立并运行需要具备的重要因素，但这仅是一部分，海洋公共危机政府协调机制如若顺利运行还需要具备内部条件。就内部条件来讲，海洋公共危机管理政府协调机制需要具备三层条件。

（1）认识上，要建立海洋公共危机管理间的协调机制。首先，要正确认识协调机制的重要性，在协调机制的建立上达成共识，形成以问题为导向的管理观念，突破原有的机构壁垒。其次，相关的海洋公共危机管理部门间要形成信任的文化。信任是指人们在做出行动时，尽管存在着信息不对称，但是仍然选择相信并做出相应的行动。① 信任作为一种无形的资本会大大减少信息交流中的成本，减少部门机构间因不信任导致的猜忌，对促进部门机构间的合作具有重要的推动作用。信任是建立协调机

---

① 张成福，李昊城，边晓慧. 跨域治理：模式、机制与困境. 中国行政管理，2012（3）.

制的重要条件，信任的形成有利于协调的开展，同时，协调也会促进部门间的相互信任。"信任不仅会对合作起催化作用，合作本身也会孕育信任。"

（2）制度上，海洋协调机制的建立和运行需要制度上的保障。认识上的一致对于协调机制的建立是一种非正式的约束，其约束力不强。为有效敦促各部门在海洋公共危机管理中的协调，需要制度上的保障。内部制度条件与外部制度条件的区别在于内部制度条件能够为协调机制的建立运行提供更详细的指导，而外部制度条件提供的是一般的指导。具体来讲，海洋公共危机的内部制度包括海洋公共危机相关的具体的法律法规、海洋公共危机的预案、海洋公共危机协调机制运行的程序、原则等。

（3）机构上，观念和正式的制度为海洋公共危机管理协调机制的建立与形成提供了条件，它们能否发挥作用，很重要的一点是能否有配套的机构及人员去实施，因此为确保静态的条件发挥作用需要建立协调机构。海洋公共危机具有很大的紧迫性，在海洋公共危机发生后，需要协调机构迅速作出决策，调动各个相关的政府部门在第一时间内行动起来，迅速配合，这是海洋公共危机协调机构不同于一般的海洋行政管理协调机构最突出的特点。海洋公共危机来临时，如何能够使协调机构迅速作出决策使各部门行动起来是海洋公共危机管理政府协调机制必须解决的重大问题，如果协调机构反映不迅速，就会使海洋公共危机失去处置的最佳时机，给海洋公共危机的处置造成更大的成本。

海洋公共危机管理政府协调机制是一个动态的系统（详见图4-1），在内外部条件的支持下，海洋公共危机协调机制通过协调相关政府及部门对海洋公共危机进行预防和处置，针对海洋公共危机处置的结果，海洋公共危机协调机构对其自身的决策和执行活动进行调整，在这种不断反馈和调整的互动中，海洋公共危机管理协调机制不断完善，以提高管理海洋公共危机的效果和效率。

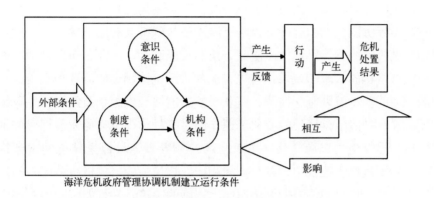

图4-1　海洋公共危机政府管理协调机制框架①

4.3.3　完善我国海洋公共危机管理政府协调机制的措施

1）完善海洋公共危机管理中的政府协调机构，提高决策、执行效率

我国现存的海洋公共危机中的政府协调机构，从存在的时间上可以分为常设的海洋公共危机协调机构和临时性的海洋协调机构，前者包括国家海洋局北海分局、东海分局、南海分局中设立的应急指挥中心和地方上的应急办公室，后者有2008年青岛市浒苔应急指挥中心等。从海洋公共危机管理的内容上，可以分为一般性的海洋公共危机协调机构和具体的海洋公共危机协调机构，前者最具代表性的是我国的国家海洋委员会，主要负责制定海洋公共危机协调的相关制度和原则，后者包括国家海洋局各分局的应急指挥中心、临时性的应急指挥中心等。这些具体的海洋协调机构主要负责海洋公共危机来临时的应对和处置。从机构建设上讲，我国海洋公共危机管理协调机构从海洋公共危机政策制定到具体的执行，已经形成了较为全面的协调机构。

从政策制定上，要根据我国现实的海洋公共危机管理情况，制定具体的海洋公共危机协调政策，细化具体的海洋协调机构运行的程序、原则，

---

① 根据 Emerson Kirk, Nabatchi Tina, Balogh Stephen. An Integrative Framework for Collaborative Governance. *Journal of Public Administration Research & Theory.* Vol. 22 Issue 1, Jan 2012, P6 制图.

为海洋公共危机管理协调机制的运行提供政策上的支持。

在实际协调机构的运行上，由于海洋公共危机具有紧迫性，一旦发生需要协调机构的领导迅速作出决策，快速形成联动，因此，可以从两方面提高协调机构的效率和效果。首先，加强协调机构领导的领导力建设。领导最重要的能力就是概念技能，概念技能是能够洞察组织及组织所处环境的复杂性，并能根据环境的变化迅速作出对某种客观事物的发展规律的抽象概括和思维能力，海洋公共危机是考验领导者这种概念技能的重要机会。在协调机构的建设中，要有训练和培养委员会成员危机决策能力的内容，在危机来临时使领导能够快速作出正确的决策，并且能够领导本部门的成员积极参与到危机协调处理中。其次，构建通畅的信息交流沟通平台。要建立会议制度、海洋信息沟通制度、协调检查制度。会议制度是政府协调中经常使用的制度，为保证会议的效率及其规范运行，要对会议召开的条件、时限做出合理规定。海洋信息沟通制度是针对政府之间存在的信息封锁建立的，信息的沟通是保证海洋公共危机管理整体效果最优化的条件之一。协调检查制度是一种监督评估制度，其目的主要是通过对协调结果的检查，发现协调过程中的问题，以便在以后的协调过程中加以改进；形成更加详细、具体的协调考核标准，避免协调工作流于形式。

2）完善制度，明确各部门职责

首先，我国应该尽快制定海洋公共危机管理政府协调的法律配套措施。我国的《突发事件应对法》以及相关的海洋法律，如《海洋环境保护法》中涉及了海洋公共危机管理的政府协调内容，但是相关规定不甚具体，使海洋公共危机管理中政府的协调缺乏有力的约束性。因此，应该尽快制定相应的配套措施。其次，由国务院出台建立海洋公共危机预案，明确海洋公共危机发生时协调机制。在海洋应急预案上，我国中央和地方相关政府部门制定了一些海洋应急预案，如国家海洋局针对海洋灾害和海洋事故制定了相应预案，主要有《风暴潮、海啸、海冰应急灾害预案》《赤潮灾害应急预案》《海洋石油勘探开发溢油事故应急预案》《海上石油勘探开发溢油应急响应执行程序》，交通部制定了《国家海上搜救应急预案》《中国海上船舶溢油应急计划》（与环境保护部共同制定）。这些预案中涉及了海洋公共危机发生时相关部门的职责，规定某些海洋公共危机发生时相关部门要协调共同应对危机，但是这些预案的法律效力低，约束性有限；有些预案是由局一级的部门牵头制定的，对其他部一级部门的约束力不够。最后，制定具体的协调机构运行的程序和原则。只有这样，海洋公共危机管理政府协调机制才能真正有制度上的保障。

"21世纪是海洋的世纪"，海洋在我国的经济、社会、环境中的重要性日益突显。随着人类对海洋利用广度与深度的增加以及各种海洋风险因素的演变与积累，不同类型海洋公共危机间的联系将更加错综复杂，海洋公共危机管理中的政府协调机制将面临越来越严峻的挑战。因此，海洋公共危机管理的政府协调机制的建设与研究也需不断与时俱进，以便为我国海洋的可持续发展提供良好的自然与社会环境。